允许自己"枯萎"几日

拒绝内耗，与压力和平共处

[日] 舟木彩乃　著

任艳　译

北京联合出版公司
Beijing United Publishing Co.,Ltd.　后浪

图书在版编目（CIP）数据

允许自己"枯萎"几日：拒绝内耗，与压力和平共
处 / （日）舟木彩乃著；任艳译. -- 北京：北京联合
出版公司，2025. 2. -- ISBN 978-7-5596-8126-3

Ⅰ. B842.6-49

中国国家版本馆 CIP 数据核字第 2024558FS7 号

允许自己"枯萎"几日：拒绝内耗，与压力和平共处

[日] 舟木彩乃　著

任艳　译

出　品　人：赵红仕
出版监制：刘　凯
策划编辑：赵璧君
责任编辑：孙志文
封面设计：今亮後聲 HOPESOUND 2580590616@qq.com
内文排版：梁　霞

关注联合低音

北京联合出版公司出版
（北京市西城区德外大街 83 号楼 9 层　100088）
北京联合天畅文化传播公司发行
北京美图印务有限公司印刷　新华书店经销
字数 103 千字　880 毫米 × 1230 毫米　1/32　6.5 印张
2025 年 2 月第 1 版　2025 年 2 月第 1 次印刷
ISBN 978-7-5596-8126-3
定价：42.00 元

前　言

在工作中，我们时常会身陷疲惫无力、情绪低落、心累厌烦、嫌弃自己的旋涡，无法自拔。

当你捧起这本书时，我想也许你同样面临着这样的职场困境——因工作失误导致情绪低落，因与领导关系紧张或与下属关系不睦而烦恼不已，无法应对职场人际关系的挑战，或对职业发展感到茫然，等等。

职权骚扰[1]的上司、黑暗的职场、内耗的人际关系、让人焦虑的工作……身处这样的困境，很多人被压力缠身，几近崩溃，内心脆弱到不堪一击。但也有一些人，即使面对这样的人生境遇，也认为"自己完全能够应付"，

1　职权骚扰：凭借自身地位、专业知识和人际关系等职场优势，超出正常范围给员工造成精神和肉体痛苦或恶化职场环境的行为。——编者注

1

能很好地克服各种困难，保持内心健康，活力满满，积极笑对压力。

这两种思维的差别，到底从何而来呢？

最关键的一点不同就在于"心理一致感"。

"心理一致感"指的是什么呢？它指的是"即使身处巨大的压力之中，也能克服困难，并保持身心健康的能力。"

因此，"心理一致感"也被称为"抗压力"。

虽然心理学专业著作对"心理一致感"的定义稍显复杂，但是因为这一概念极为重要，所以在此我还是将其完整详细地呈现给读者。

心理一致感指的是即使面对巨大的压力，身处残酷的状况之中，也能充分调动内外资源，化压力为自我成长的"养料"和"动力"，让混乱的人生变得井井有条，在压力中保持身心健康的一种能力，或将压力转变为这一能力的源泉。换言之，心理一致感指的是"保持身心健康的能力"。（《抗压能力SOC》山崎喜比古、户里泰典、板野纯子编著／有信堂高文社）

正如上述所讲的，心理一致感有时也被称作**"保持身心健康的能力"**。

简单来说，心理一致感指的就是一种面对复杂的工作和人际关系，或面对各种压力和烦恼缠身时，依旧能开朗乐观地应对，保持身心健康的能力。

首次提出"心理一致感"这一概念的是社会学者阿

隆·安东诺维斯基博士[1]。

20世纪70年代，阿隆·安东诺维斯基博士对"二战"时期曾身处纳粹集中营，经历了更年期却依旧保持身心健康的女性幸存者进行了一系列的调研。他发现那些炼狱般的经历并没有击垮那些女性幸存者，她们也并没有因此出现健康问题，看起来，面对压力情境仍能保持健康的她们拥有一种特殊的看待世界的方式或价值观。可见，人们怎样看待并应对压力才是影响个体健康的重要因素。随后他提出了"心理一致感"这一概念。

经历残酷的境遇，面对险恶的世界，依旧能保持身心健康，这样的人拥有的价值观或思维方式是让他们宠辱不惊、临危不惧，活得阳光、富有生命力的原因。因此在心理健康和公共卫生等领域，关于"心理一致感"的研究得到了长足的发展。近年来，"心理一致感"在教育和看护等领域的应用和研究也备受瞩目。

我第一次接触这一概念，是在我已步入社会，在职读

1　阿隆·安东诺维斯基（Aaron Antonovsky，1923—1994），是美国裔以色列社会医药学家。他于20世纪70年代提出"心理一致感"这一概念。——译者注

研时在课堂上学到的。当时我的研究课题是"日本国会议员秘书的情绪和压力状况",通过调查议员秘书们的情绪和压力状况,考察缓解和预防心理压力的相关对策。

实际上,我曾在议员事务局工作过一段时间。

正是鉴于自己的这段工作经历,我深刻感受到了"议员事务局就是个险恶的黑心职场""议员秘书就是个高压力职业"。特别是身为国会议员的秘书,我需要听从议员的指示工作,但议员做决策,想法老是变来变去,导致我作为秘书的工作总是被打乱,稍有不慎就会失职失责,因此我常听那些秘书抱怨"对国会议员就如伺候老爷那般,只有唯命是从"。

因为秘书的人事更迭很频繁,所以每当我问起"咦,那位秘书呢?",通常不是失联、失踪,就是抑郁了或被解雇了,这要是放在私企,件件都属于要上新闻头条的大事件。

而且,身为议员秘书,还会遭遇违反劳动法的用工、强制长时间加班却不支付加班费等职场霸凌和"潜规则"。

当时我对议员秘书们展开了问卷调查,通过分析他们的职业心理压力测试结果,我发现在工作中处于持续高压力状态的议员秘书的占比,是其他职业的两倍以上。

但是，面对上司想一出是一出，让人措手不及的工作，随时失业、朝不保夕的紧张的职场环境，以及复杂的职场人际关系，即使身处这样的职场"高压锅"，依然有很多秘书能够给自己的身心降温减压，每天都活力满满，干劲十足。我对那些能够对职场高压力应付自如的秘书产生了极大的兴趣，在对他们的心理进行研究考察时，第一次接触到了"心理一致感"这一重要的概念。

这些秘书虽然长期处于高压力，却依旧能保持身心健康，并善于变"压力"为"动力"，把压力的"苦"转化为工作的"甜"，我由衷地钦佩他们极高的心理一致感。

心理一致感（抗压力）由以下三种要素（感觉）构成。简单总结如下：

1. 可控制感（大体了然）

个体能够了解自己身处的境地，并在一定程度上可以预测今后事态的走向。发生在周遭的事大都在自己的"预料之中"，是一种对自我处境"大体了然"和"一切在预料之中"的感觉。

2. 可解决感（能够应对）

个体认为自己能够应对所遭遇的压力事件和挑战，认为活用自己拥有的资源（人脉、金钱、学识、权力等）能够应对所面临的挑战。

3. 有意义感（凡事都有意义）

个体认为自己的人生以及自己经历的一切都是有意义的。即使面对困难，也会认为那些挫折能给自己带来积极意义，相信困境能助力个体成长。

了解"心理一致感"这一概念后，我认为它极具实践指导意义，常常将其活用于日常的心理咨询活动。

心理咨询给了我很多宝贵的经验和启示，我发现那些被烦恼缠身来找我咨询的患者最缺乏的就是"可解决感"，他们的"可解决感"普遍不强，即**"相信自己可以应对自如"**的力量。

也就是说，构成心理一致感的三个要素中，这些患者的"可解决感"（能够应对）处于较低水平。

因此，对于内心不够强大，身处高压环境时，精神极度脆弱、易崩溃的人，一个好的办法就是帮助他们提升自身的"可解决感"。

那么，如何提升"可解决感"，让自己产生"相信自己可以从容应对"的信念感呢？

方法当然有很多，想要拥有"从容应对"的信念，首先最重要的就是**"自己曾经成功应对困难的人生体验"，也就是"成功经验"。**换言之，**"正因为自己有从容应对困难的成功经验，所以个体能够认识到自己的力量潜能，从而增强自己的信心，相信自己在面对下一个困难时，依旧可以应对自如"。**

所以，个体通过不断积累成功经验，就能持续获得"从容应对"的信念感。

另外，**思维方式、价值观、看待事物的方式**也非常重要。对于周遭发生的事情，都能以积极正面的心态看待，能够把挫折失败或糟糕的经历当作生命的"养料"，不断推动自我成长的人，也能够不断强化自身"能够应对"的信念感。

例如，一件事情有一半进行得顺利，另一半进行得不顺利，如果只聚焦那些不顺利的方面，我们对事情就很难产生"能够应对"的信念感；如果能够注意到一件事情里那些进展顺利的部分，以积极乐观的心态推动和主导事态，我们就能建立更强的信念感，无论面对怎样的状况，也能有"相信事情终究可以解决"的可解决感。

前景是否可观、能否理解当下境遇的把握事态的能力（可控制感）也会对我们是否能够相信"自己可以从容应对"产生重要影响。

例如，当你没有地图和导航，也不知道还有多久才能到达目的地，在一无所知的状态下，每前进一步你都会感到疲惫与不安，觉得"自己已到极限，再也坚持不下去了"。但是，当你带着地图，知道自己离目的地还差最后三分之一的路程时，你一定会觉得自己还能坚持，一定可以走到终点。

这就是说，当你可理解、可预测自身处境时，你就会产生从容应对的信心。

在此，我认为个体想要收获"从容应对"的信念感，最重要的就是**"人际关系"**与**"学会依靠他人"**。

可解决感也意味着能"灵活利用周围的资源，帮助自己克服困难"。因此，当你身处困境时，寻求他人的帮助也是一种好办法。

在本书后面章节会详细阐述，你拥有的人脉、财力或者权力等都可以为你所用，提升你对事态的把控感。

当你看不到未来，不安焦虑，痛苦万分却找不到排解负面情绪的出口，似乎已经到了忍受的极限时，如果有可以求救的对象和帮助你的人，是不是会更好呢？

如果知道"万一身陷困境，至少还有他能帮助自己"，你心里一定会更有底气。

这些人脉、能够依靠的他人，都有助于你提升自身的可解决感。

其实我们有很多方法来提升自己的可解决感。通过改变自身的行为、思维方式，改变自己看待事物的方式和与他人的相处之道，我们都可以强化自我"能够应对"的信念感。

本书就"心理一致感"，即一种即使身陷苦恼之海，遭遇痛苦，看不到未来人生的方向，长期处于生活的高压力状态，却依旧能应付自如，保持身心健康的能力，为读者朋友们做了深入浅出的详尽阐述，可以说这本书是关于"心理一致感"的零基础入门书。

另外，本书以如何提升自我"心理一致感"，特别是如何提升"可解决感"为主，为读者详细介绍了很多实用的技巧。

本书在阐述这些具体的技巧时，也会结合我作为心理咨询师的相关经验，尽可能为读者提供好上手、实操性强

的方法。本书提及的这些技巧都很简单，读者朋友们可以从自己认为好上手的部分开始，一点点慢慢尝试。

一直以来，我都作为心理咨询师为别人提供帮助，到目前为止，我一共接待了 10 000 人次以上的来访者，为他们提供了大量的心理援助。这些来访者大都是已步入社会的成年人，他们的年龄和社会身份也不尽相同。

来访者寻求心理咨询的问题也包罗万象。不仅有不知该如何应对来自上司的压力和工作过劳等职场烦恼，还有对人际关系、未来的不安，以及来自家庭和婚姻的烦恼。

领导的职权骚扰，客户的百般刁难，和上司或下属"三观"不合，被突然调到不适合自己的岗位，提拔后被压重担……只要你身处职场，这些问题我们都会遇到。

当然，即使不行走职场，日常生活也会为你出各种难题：工作与育儿难两全，意料之外的陪护老人，还有夫妻感情不和等层出不穷的"人祸"，更别提地震洪水等天灾。

生而为人，为人不易，人的一生就是不断碰壁的过程，事事有压力，时时有烦恼。

本书旨在帮助那些不安焦虑、消沉悲观、面对困境身陷无力与无助的读者，为他们重拾内心的从容与"总会有办法的"的信念感。

如果这本书可以助你无论身处何种境地，都能心存信念，即使处在高压力之下也能保持身心健康，我将无比高兴。

2023 年 9 月

压力管理专家 & 心理咨询师

舟木彩乃

目 录

第一章 终其一生，我们都在冲破压力、摆脱内耗？

第二章　可控制感："大概想到了""之前就有预感"

第四章　有意义感：凡事都有意义

第一章

终其一生，
我们都在冲破压力、
摆脱内耗？

"抗压力"才是终结内耗利器

"心理一致感"指在面对压力时能积极应对的能力，也就是"抗压能力"（在下文中，我将把心理一致感称为"抗压力"）。

人生 = 持续的压力

承压是人生的常态。身处职场，每天都会遇到各种各样的糟心事。

·和同事或领导相处不好，行事如履薄冰，令自己无比心累。

·领导的想法一时一变，被反复无常的领导要得团团转，已经到了崩溃的边缘。

·工作做不完，加班是常态。每天被工作压得身心俱疲。

·被迫调岗，工作无趣，对未来的职业发展感到不安。

·虽说给自己升职加薪，但随之而来的对下属的管理和任务额增加的销售目标让自己痛苦不堪。

现代职场，就如同一口巨大的"高压锅"，很多人长期处于这样的高压力环境，备受煎熬，鲜有人能做到"无视压力、无畏压力"。

小到身边同事的闲谈声、领导"鸡蛋里挑骨头"的斤斤计较等职场琐碎小事带来的压力，大到"拉帮结派、阳奉阴违、明争暗斗、钩心斗角的职场人际关系""被委以重任，根本无法休息，不堪重负"带来的重担，可以说职场承压是上班族的常态。

如果可以，我想每个人都希望自己能够轻松应对这些职场压力，让自己保持平和的心态和身心的健康，把工作做好。

而能够实现"轻松应对职场压力"的关键，正是本书的主题——"抗压力"。

压力必将陪你度过漫长的人生

更加详细地说，抗压力，指的是在面对让自己觉得有压力的事时，能够积极应对，同时根据具体情况，快速选择适当且灵活的应对策略和方法，跨越障碍，推动事态朝着好的方向发展的一种能力。

自己的部门被解散，公司突然倒闭……人活在世上，经常会迎来"至难时刻"。

当然，除了职场，生活的方方面面都可能会让我们身陷绝境。例如得了绝症、突发变故，抑或因为孩子的出生，不得不兼顾工作和育儿因此身心俱疲、夫妻关系不和，以及看护老人，等等。

面对不同生活场景和不同人生阶段的压力事件，如果我们的抗压力较强，内心就能赋予我们"灵活应对的能力"，帮助我们"把压力转化为养料"。

百岁人生的时代即将来临，这意味着我们将拥有更长时间的职场生活，而身处职场的时间越久，就越容易遇到"高压力"事件。

只有抗压力才能让我们更好地度过"百年人生"的"长寿"职场。

抗压力

抗压力较弱的人　　　抗压力较强的人

那些会让你产生内耗的"好事"

婚姻、换工作、升职……"好事"也能成为压力源？

结婚与跳槽，让人压力倍增

从本书前面的章节中我们知道，抗压力可以帮助我们应对困境和高压力事件。但是，心理压力并非完全来源于"不好"的事情，好事有时也会成为压力源。这一点要格外注意。

美国精神科医生托马斯·霍姆斯（Thomas Holmes）根据重大生活事件（Life-Change Events）设计了一个量

表，用来给人们生活中的压力源进行评分[1]。

通过这个分值表我们发现，除了亲人离世、生老病死等"不好"的事情会带给人压力，结婚、怀孕、换新工作等普遍被认为是幸福快乐的"好"事多少也会给人带来一些压力。

重大生活事件（心理压力）分值表

排名	压力事件	分值
1	配偶死亡	100
2	离婚	73
3	婚内分居	65
4	拘留或判刑	63
5	家人或亲戚离世	63
6	受伤或生病	53
7	结婚	50
8	失业	47
9	夫妻和解／调停	45
10	离职	45

1　1967 年美国精神科医生托马斯·霍姆斯和理查德·拉赫（Richard Rahe）检查了 5000 多名患者的病历，明确了生活中哪些压力事件可能引起疾病。

排名	压力事件	分值
11	家庭成员的健康变化	44
12	怀孕	40
13	性功能障碍	39
14	新加入家庭成员	39
15	商业调整	39
16	经济状况发生变化	38
17	好友离世	37
18	换工作／跳槽	36
19	与配偶越来越多的争吵	35
20	超过 1 万美元的债务	31
21	丧失抵押品或贷款的赎取权	30
22	工作职责的变化	29
23	儿子或女儿离开家	29
24	与亲戚发生矛盾	29
25	显著的个人成就	28
26	妻子的就职和离职	26
27	升学或毕业	26
28	生活条件的改变	25
29	个人习惯的改变	24
30	与领导不合	23
31	工作条件的改变	20
32	居住地的改变	20
33	转学	20

排名	压力事件	分值
34	娱乐方式的改变	19
35	教会活动的改变	19
36	社会习惯的改变	18
37	1万美元以下的债务	17
38	睡眠习惯的改变	16
39	家庭成员聚会次数的改变	15
40	饮食习惯的改变	15
41	假期	13
42	圣诞节	12
43	轻微违法行为	11

※ 分值表中的分值表示因为生活事件产生的心理压力的大小。本分值仅为概数，即使分值相同，也存在前后排序的不同。

资料出处：《压力心理学——差异化的应对过程和应对策略》，小杉正太郎著。

无论是令你伤感和不安的"坏事"，还是让你感到高兴和幸福的"好事"，都有可能成为压力源。

例如，你终于实现了自己的夙愿，进入了单位的核心部门。但由此而来的是，你必须尽快适应新的工作环境，尽快熟悉新的工作内容，像"正因为被安排到了心仪的岗位，所以必须拿出成果"这种对自己的高标准、严要求，都会给你带来无形的压力。

再比如，当你终于决定和自己爱的人走入婚姻的殿堂，一方面你会期待和爱的人朝朝暮暮，但另一方面你又有些许担忧，起居、饮食、休闲方式等生活习惯完全不同，对事物的看法等思维方式也不尽相同的两个人，从各自独立生活一转眼就要变为同居生活，仅仅是想想，就让人压力感暴增。

熟悉的环境会让人有安全感，而接触新事物总会让人产生戒备和不安。每个人在跟新事物变得熟悉之前，多少都会感到一丝不安，并在某种程度上承受着不安和局促带来的压力。

AI技术的发展会令很多人失业？

人生在世，生活总是有好有坏，人生百态才是常态。

抗压力同样有助于你应对新挑战和新变化带来的压力。

当下，以 AI（人工智能）为代表的科学技术，正掀起一波新的历史性浪潮。长江后浪推前浪，可能在 10 年后又会出现新的颠覆性科技。

商业世界也随之风起云涌，人类的工作方式面临巨大变革，我们就生活在这个日新月异的时代里。

面对巨变时代下的高压力生活，抗压力的提升尤为重要。

第三节

抗压力＝可控制感＋可解决感＋有意义感

几乎每个人都说的、应该拥有的"抗压力"是什么？

"抗压力"由三种要素构成

"抗压力"到底是怎样的感觉呢？

在本书前言部分曾简单提及这一概念，在此做进一步阐述。

"抗压力"指的是**即使面临高压力事件，个体依然能克服重重困难，保持身心健康的能力**。因此，正如前言所述，我们也可称之为"抗压力"。

抗压力，不仅是在面对压力和危机时能够坚守自我、积极应对的能力，也是能够将这些压力和危机变成自己成长和人生"养料"的能力。

抗压力（心理一致感）用英语可表示为"Sense of Coherence"（SOC）。"Coherence"在日语中直译过来是"心理一致"。"心理一致"这个词虽然听起来有点生硬，但"Coherence"除了"心理一致"之外，还有"统一性""整体感"的含义，我们可以理解为"条理清晰""整体上合情合理"。

如果深入探究抗压力的概念，我们可以将其理解为：即使面对巨大的压力，陷入一筹莫展的困境，也能将它们视为自我成长的"养料"，让整个人生变得井井有条，让生活井然有序。换言之，放眼人生，即使遇见各种各样的事情，好事也好，坏事也罢，我们都能从更宏观的角度整体俯瞰自身。

抗压力，由三种要素（感觉）构成。简单总结如下：

·**可控制感（大体了然）——可以理解自身处境并预测今后事态的大体走向。**

·可解决感（能够应对）——可以应对所遭遇的压力事件和挑战。

·有意义感（凡事都有意义）——认为自己的人生和经历的一切都有意义。

接下来，就以上三种要素，我将逐个进行说明。

什么是可控制感

在此，首先要说明的是**可控制感**。

可控制感指的是，能够在某种程度上理解和解释自身境遇，并大体预测今后事态走向的感觉。

你可以将"**可控制感**"理解为一种"**大致在预料之中**""**大体了然**"的感觉。

比如服务业的从业人员突然被顾客无理谩骂。此时，一般的服务人员很容易不安，心情沮丧，情绪低落。但是能理解"世界大了，什么人都有"，并能迅速把握当下状况的店员，会自然产生"身处服务行业，被顾客刁难也是在所难免的"的想法，还能对接下来的事有大概的预料——"不是什么大不了的事儿"。这样的店员一般都不会因困难太过烦恼和郁闷。

根据以上事例，"在我预料之中""可以想得到""也就是这么回事儿""大概都了解"……这类的感觉就是可控制感。

一般来说，**个体的可控制感是通过社会共通的价值观、社会规范以及明确的责任分担等生活经历和人生体验逐渐培育起来的。**

以职场为例，就是构筑一个有完善的从业规范和人事考评制度，升职加薪通道畅通、透明化的工作环境。员工在这样的职场，能够对自己有清晰的预期，知道"只要把工作做到这个程度就会获得认可""人事考评共 3 分，只要达到 80% 即可加薪"。这就是"有清晰可预期的环境"。

在这样一个预期清晰的世界里，不断重复具有一致性或统一性的人生体验，更容易培养出个体的可控制感。

什么是可解决感

接下来要说明的是**可解决感**。

可解决感指的是，个体在面对压力事件或身陷困境时，通过灵活利用"资源"而产生的"我能够应对""总会有办法的"的感觉。这里所说的"资源"有人脉、学识、金钱、权力、地位等。

例如，在工作中遇到突发情况，如果身边有可以寻求帮助的上司或者能够给予自己安慰的同事，我想你一定会心里有底，应对有矩。这些给予你实质性帮助或安慰的人就相当于一种"资源"。

另外，"学识"也是一个巨大的资源宝库。当工作中遭遇突发情况，涉及法律问题时，有法律素养和知识的人与对法律一无所知的人在应对这些棘手事件上，两者的心态必然存在天壤之别。多虚心向有学识的人求教，或者多读书看报也能助我们跨越障碍，克服困难。

"金钱"也是不可忽视的重要资源。公司突然倒闭，自己被迫失业，身无分文时，人自然会陷入"我可怎么办！"的焦虑与不安之中。但如果有一千万的存款，手中有"粮"，自然就会心中不慌，"公司倒闭也是没办法的事，好吧，我只能重整旗鼓，再找个适合自己的工作了"。

一般而言，个体的可解决感是需要通过解决一个个不大不小的难题从而不断获得成功经验来提升的。

当个体活用人脉、学识和金钱等资源，不断解决眼前的一个个难题时，最终他就会收获可解决感。

什么是有意义感

最后要说明的是**有意义感**。

有意义感指的是"自身经历的一切都有意义"的感觉。

例如，面对总也做不完、让人身心疲惫的工作时，抱怨"这样的工作到底有什么意义"的人与正面肯定"这份工作最大的意义就是能为客户服务"的人，对待工作的心态和工作时的状态自然也完全不同。

即使身陷困境，也能积极思考"如果我能跨过这道坎儿，一定能收获成长"，并看到这场考验对自身的意义的人，一定拥有超越困境的不竭动力和无限勇气。

就如那句名言"上天只会给我们过得去的坎儿"，"有意义感"就类似这句名言所蕴含的信念感。

我们要坚信，每一道你越过的"高墙"，都有意义。这份信念感就是有意义感。

一般而言，有意义感可以**通过不断积累你参与其中并收获成功的人生体验来提升。**

这里所说的"成功"指的是带来好的结果。例如在职场，你的企划案说服了客户，促成了一笔大生意。

对于这样的好结果，参与其中的每个人都能感觉到自我价值，例如撰写企划案的人和负责宣讲的人都获得了参与感和成就感，认为自己是"有用的，并发挥了重要作用"。如果能够不断积累这些富有参与感和成就感的人生体验，个体的有意义感就会得到提升。

也就是说，为企划案的成功贡献了自己的力量这一成功经验提升了个体的自我价值感，产生了"我也是有用的、有价值的"的感觉。这种人生体验培育出的就是有意义感。

"抗压力"由三种感觉构成

心理一致感
=Sence of Coherence(SOC)
别称：抗压力（在压力事件
下能灵活应对的能力）

大体了然

可控制感

能够在某种程度
上理解当下自身
的处境，并大体
预测今后事态的
走向。

能够应对

可解决感

认为自己可以应对
压力事件和难题。

凡事都有意义

有意义感

认为自己的人生
或人生经历的一
切都有意义。

三种要素应对压力、消除内耗

抗压力的三种要素并非各自独立，而是相辅相成的。

即使面对危机或令人痛苦的事，如果拥有"能够在某种程度上理解当下自身的处境，并大体预测今后事态的走向"的可控制感，那就能同时拥有（在可理解范围内）能够应对的可解决感。

可解决感是个体通过灵活利用人脉、学识、金钱、权力、地位等各类资源在顺利克服困难、解决问题后而产生的一种感觉。实际灵活利用这些资源，有助于我们正确理解和把握现状并大体预测今后事态的走向，同时也能提升我们的可控制感。

另一方面，如果个体拥有较强的有意义感，即能够理解"自身经历的一切都有意义"，也有助于个体的可解决感的产生。因为如果一个人能认识到一段体验对人生的重要价值和意义，他便会拥有想要积极应对的心态和付诸行动的勇气。

例如，身处大客户营销的高压力工作岗位，如果你能在某种程度上把握现状和今后事态的走向（可控制感），认识到"客户的要求虽然严苛，但都还在情理之中。这份销售的工作虽然辛苦，但也只需要我负责一年，又不是持续好几年"，那么你就会自然产生"客户的这些苛刻的要求自己也能够应对"（可解决感）的想法，内心也会从容淡定许多。

而且，如果你能进一步认识到"一年都要负责这个客户的话，作为销售的自己在职业生涯上也能有所收获，实现个人成长"，觉得这件事有意义（产生有意义感），那么你就会心生"学习更多客户营销技巧，提出更加符合客户要求的企划方案"的行动力，这反过来会提升自身的可解决感。你也会以积极的心态去多多利用身边的人脉资源，例如"去向营销岗位的前辈多取经"等，这同样有助于提升自身的可解决感，产生自己可以应对的自信心。

构成抗压力的三种要素，相互关联、相互影响。

三种要素，相辅相成

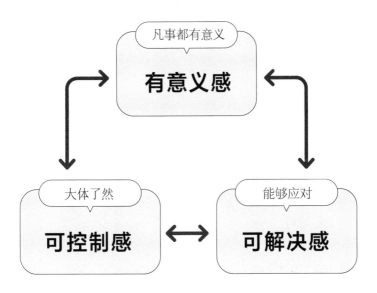

遇事抗压力强和抗压力弱的区别

抗压力较弱与较强的区别。

抗压力弱：痛苦不堪却无法解决

抗压力的三要素具体是什么样的呢？为了让读者更容易理解，我将用真实故事加以解释说明。

也许有人认为"抗压力这一心理学概念也太难理解了吧"……但其实，抗压力正如其名，它只是个体的一种"感觉"，所以我们只需大体上知晓或凭感觉去理解就足够。

接下来，我将介绍一位曾来找我做心理咨询的松本女士（化名，30 岁以上）的真实案例。

松本女士入职后一直在一个部门工作，在突然被调岗到其他部门后，她遇到了棘手的问题。虽然工作内容没有太大变化，但她与新领导和新同事的关系并不好，部门的氛围也不融洽，比如她难以理解领导下达的工作任务，新领导对自己的询问很反感，等等。这些都让松本女士备感压力。此外，在钩心斗角、暗流涌动的部门里，没有和自己谈得来的同事跟自己聊天。

觉得自己很难在这个部门继续工作下去，对未来感到无比迷茫的松本女士找到了我。我借用抗压力的三种感觉，深入剖析了松本女士当时看待事物的方式方法，并做了如下梳理。

松本女士的三要素分析

可控制感：面对令人痛苦的职场环境，工作难以为继，但又不知道该如何是好。

可解决感：领导和同事都无法帮助自己，觉得束手无策。

有意义感：看不到跨越这个难关的意义所在。

无论是谁，面对工作环境改变的情况都会感受到压力。但是如果像松本女士这样想的话，或许这个问题就无解了。

抗压力强的人会怎样思考、解决问题

　　和松本女士陷入同样境遇时，抗压力较强的人会怎么思考这个问题呢？

三要素较强的人

　　可控制感：仅仅是因为刚调到这个部门不熟悉而已，等慢慢适应后就好了。试着了解这个部门在公司整体架构中所处的位置、发挥的作用，多多收集外界对这个部门的评价，也许情况会有所改变。

　　可解决感：根据以往克服困难的经验，这次我也一定会找到办法的。先试着和原部门的前辈请教下如何和上司打交道，或约朋友一起去喝喝酒，放松一下。带着积极的心态投入工作，久而久之就能找到交心的朋友，逐渐适应新的职场环境。

有意义感：只有克服当下的困难，自己才能有所成长。

大家觉得怎么样呢？

看过这两种想法的对比，你是否感受到了两者思维方式上的巨大差异？

首先，抗压力较强的个体能够从宏观角度俯瞰自身的境遇，他们会认为，当下遭遇的困境是因为"目前暂时还不适应而已"，接着他们会积极搜集各路信息，例如了解部门的特点和情况，打听外界对该部门的相关评价，来帮助自己预测今后自己在新部门的发展走向（**可控制感**）。

同时结合自身过往的经验，他们也会正面思考"这次虽说会花些时间，费些功夫，但也还算自己能够应对"。这样的人也能够利用人脉资源，"向原部门前辈请教"。

再者，身边还有能让自己喘口气、给自己提供建议的朋友。正是因为有这样的人脉资源和经验，他们才会认为"自己可以应对这些问题"（**可解决感**）。

此外，虽然这是一段令人痛苦的体验，也会遇到很多不如意的事，但是只要克服了困难，"实现了个体成长"，那么这段体验就是有意义的（**有意义感**）。

由此可见，虽然处于同样的状况，抗压力强的人和抗压力弱的人，其精神状态是完全不同的。

既有人会消极地认为"这真是令我痛苦不堪，但我却不知该如何是好"，也有人会积极面对——"虽然当下需要承受些许痛苦，但总会有办法解决的"。

培养"我能够应对"的思维能力

拥有"总会有办法的"的信念感。

有意义感是抵御内耗的基础

在我看来，在构成抗压力的三种感觉中，有意义感是最基础的。

例如，在经历过战争、人间地狱"强制收容所"、日本东部大地震等无法预知的天灾人祸后，我们都会对未来充满不安，在这种情况下，个体很难获得可控制感。

再比如，看不到希望，孤身一人面对迷茫的未来时，大多数人会感觉到孤寂。充满无力感的他们，内心是无法涌现"总会有办法的"的信念感的。这种情况下，他们的可解决感也很弱。

但是，如果能够从这些"意想不到"的困难中看到跨越难关的意义，就能以积极正面的心态去面对它们。

从消极事件中看到其积极意义后，我们的主动性就会提高，情绪高涨，我们的自信心也会得到提升，心态也会从悲观转变为"我总会有办法的""我一定能够克服它"！这样，我们的可解决感自然也随之"水涨船高"。而且当我们主动思考自己能做些什么改变现状时，我们的可控制感也会相应地提升。

这样看来，首先要认识到事物的"意义"，才能在此基础上不断提升"可控制感"和"可解决感"。

总想着"我无法应付"的人如何改变思维

作为心理咨询师，我一共接待了超过 10 000 人次的来访者。从以往的经验来看，这些有各式各样心理困扰的来访者，大都可解决感较弱。

因此，对于抗压力差、心理素质不高的人来说，很有必要提升其自身的可解决感。

可解决感，顾名思义，即使生活遭遇痛苦，也坚信"自己绝对没问题，一定会有办法的""一定能跨过这道坎"的感觉。

简而言之，就是**相信自己"能够应对"的能力**。

不是消极否定自己"我不行""根本做不到"，而是相信自己"我一定有办法解决""我一定能做得到"。

提升自身的可解决感，学会相信自己"总会有办法的"，对于那些抗压力弱以及心理承受能力差的人来说极为重要。

面对压力，一个人默默承受、独自努力不是唯一的方法，还有很多方法可以提升个体的抗压力。

正如前文所述，最大程度活用自己身边的各类资源（人脉、学识、金钱、权力、地位等），不断提高自己解决问题的确定性，自然就能拥有"总会有办法的"的信念感。

可解决感，说到底就是一种"最大化活用自身和周围的资源，相信自己可以解决问题"的信念感。

另外，提升可控制感也能有效提升自身的可解决感。

面对未知的事物，人总是充满恐惧和不安。一个是已经重复过无数次、轻车熟路的工作，一个是从未接触过、对它一无所知的工作，哪一个会让你觉得自己能够应对呢？自不必说，一定是已经重复过无数次、轻车熟路的工作。

因为有从事这项工作的经验，熟知工作内容，应对起来自然会多一分从容淡定；也更容易以积极的心态面对工作中的困难，相信自己总会有办法解决。

第六节

练就"抗压力"的方法

保持积极心态与提升信念感的诸多方法。

为什么人们总习惯聚焦"坏结果"

那么，信念感不强、认为自己做不到的人，即可解决感水平很低的人，到底是怎样的一群人？他们有什么特征？

例如，按时完成手头的工作，想要早点下班回家的小A，就在快要下班的时候，突然被领导安排加班，和其他几位同事留下加急处理一项工作。

其他几位同事婉拒了领导的加班要求，但是小A却说不出口，独自一个人在公司默默加班到很晚。即便如此，小 A 还是因为没有在领导要求的时间内完成任务，在拖着疲惫的身躯回家时，依旧一个劲儿地向领导低头道歉。

明明被领导突然布置了一天内根本完不成的紧急工作，而且只有小 A 一个人加班处理，没按时完成也完全不是小 A 的错，但是……

就如小 A 这样，即使被领导安排了不合理的工作，即使面对领导的无理要求，他们也会因"不能满足他人的要求和期待就会心生愧疚"而无法拒绝他人，他们的可解决感较弱。因为小 A 认为"我必须答应并满足对方提出的要求"。

这种陷入完美主义陷阱的人，习惯于聚焦"必须完美地完成任务，满足他人的要求和期待"。因此他们很难体验到成功的喜悦，获得成功经验。

"一切顺风顺水"的成功经验有助于提升个体的可解决感，成功经验多了，在面对之后的困难时，就更容易认为"上次很顺利，这次自己一定能够跨过这道坎"。

因此，不关注"好结果"却一味纠结"坏结果"，只会让自己更难产生"总会有办法的"的信念感。

最终的结果是，相信自己能够应对的信念感变得极其脆弱和不稳定，遇上一点挫折就容易崩塌。

改变自身的思维方式以及与他人的相处模式

另一方面，相信自己一定能跨过难关的人会如何思考呢？

如果遭遇同样的问题，他们会主动和领导沟通"今天已经有其他安排了，时间上很难再抽出空了，不好意思"，或者直接明了地告知领导"这个任务，我无法短时间内完成"。因为他们不追求完美主义，不会强求自己"事事都要满足对方"。

或者，即使承接下这个任务，自己却未能按时完成，他们也会积极看待，聚焦已经取得的成果，认为"领导突然安排的工作，某种程度上我也算做得差不多了""终于完成一部分啦"。

也就是说，正因为可解决感强的个体不追求完美主义，所以他们更倾向于关注那些取得成功的经历，或已经取得的成果及逆境中的胜利。

可解决感强、相信自己一定能跨过这道坎的人，能够

将走出困境的种种经历视为成功经验，并通过这种成功经验的不断积累来强化"我能够应对"的信念感。

正如本书在上文中所阐述的那样，作为抗压力的三要素之一的可解决感，是通过适度承压、不断积累成功经验而形成的。

而能够让个体产生成功经验的，正是让个体习惯于聚焦取得成功的经历、已经取得的部分成果、逆境中的胜利的积极正向思维。

本书将为读者阐述养成积极正向思维的技巧。

另外，想要获得"我能够应对"的信念感，学会积极借他人之力，活用学识、金钱、地位等资源也同样重要。

要建立"我能够应对"的信念感，就要知道凡事不能光靠单打独斗，要学会借助他人的力量。在职场中，你可以寻求同事的帮助或者借助领导的力量。在生活中，你也可以利用金钱和地位来解决问题。

活用周围的各种资源，能提升自己解决问题、跨越难关的信念感。

为了帮助读者提升自我信念感，本书将为读者详细介绍构成抗压力的三要素的基础知识，积极正向思维的养成、变化，以及与他人的相处之道，还会为读者讲解如何将身边的各类资源（人脉、学识、金钱、权力和地位等）为我所用。

第二章

可控制感：
"大概想到了"
"之前就有预感"

可控制感与抗压力

可控制感是人们对自我处境的"大体了然"和
"一切在预料之中"的感觉。

哪些生活经历对增强抗压力很重要？

抗压力并不是与生俱来的（先天能力），而是后天习
得的，它的建立需要经过一个发展过程，也可以通过后天
的努力和学习来提升。

在第二章，我将**教授读者提高自身抗压力的方法和
技巧**。

阿隆·安东诺维斯基博士在谈及如何提升个体的抗压

力上，曾指出以下三点尤为重要。

第一，正如基于共通的价值观、社会规范或固有习惯所得到的体验，在某种程度上具有一致性的人生体验也会让个体更容易预测、解释自身的处境；第二，生活既不是压力大到让人喘不过气来，也不是完全没有压力能让人躺平摆烂，个体应锻炼自己在平衡适度的压力中前进的人生体验；第三，拥有亲身参与，并有所收获的人生体验。我们很容易理解，上述这三种人生体验按顺序大致会分别形成个体的可控制感、可解决感和有意义感。（《抗压能力SOC》，山崎喜比古、户里泰典、板野纯子编著 / 有信堂高文社）

为了便于理解，在此对构成抗压力的三要素进行展开阐述，具体如下：

可控制感：基于社会共通的价值观或以明文规定的形式确立下来的社会规范（合情合理）的生活经历，以及具有一致性或统一性的人生体验。

例：在公司人事制度的指导下，员工恪尽职守，勤勉工作，期待升职加薪。（基于若在某方面能力突出、成绩显著即可晋升加薪这一人事规则）。

可解决感：不超负荷也不零负荷，适度承压的人生体验。

例：考取难度较高的资格证书对你而言，属于只要下足功夫，承受一定程度的压力就能应对的挑战。

有意义感：那些你参与其中，并收获了成功果实或满足了自我期待的人生体验。

例：自己参加了一个斩获大奖的团队项目。

当你不断经历和积攒这些生活体验时，你就能够提升自己的可控制感、可解决感和有意义感，进而也就在整体上提升了自身的抗压力。

那么，我们首先从本章的标题"可控制感"切入，为读者进行详细介绍吧。

形成可抵御内耗的可预见性思维

可控制感指的是发生在周遭的事大都在自己的"预料之中"。这是一种对自身处境有某种程度的认知和理解，能在一定程度上预测今后事态的走向，并大致解释事态本身的感觉。

简单来说，就是个体"大致理解"自身处境的感觉。换言之，即"也就是这么回事""一切都在意料之中"。

例如，和上司共事多年，你对领导会怎么评价自己，他最在意和关注什么都一清二楚。面对领导，如果作为下属的你完全知晓该如何行事的话，则说明你的可控制感水平很高。

但另一方面，对于第一次经历的事（或者经历次数还很少的事），抑或初次与陌生人交往，我们都很难根据以往的经验去预测和判断事态的发展。

例如，因人事调动到了新部门，担任新的职责，或者第一次海外出差等。

面对全新的体验，很少有人会只感到兴奋和期待，大多数人多少都会抱有一丝不安。但过度忧虑和担心的人，可控制感就会相对较弱。

如何培养可控感

提升可控制感的重要因素：明确的规则、责任、价值观，以及广阔的视野。

多处于有明确规则、责任和价值观的环境

一般来说，处在规则明了、有明确价值观和责任分担的环境，有助于提升个体的可控制感。

例如，达到什么分数线就能被什么层次的院校录取，取得多大的成效就会被高度赞扬，等等，像这样被量化或以明文规定的形式确立下来的客观通用的秩序和规范所构成的外界环境。

如果身处这样一种可预见性和确定性都很高的外界环境，个体就易于预测自身努力的方向和程度（更容易制定和达到目标），自然也就有助于提升自身的可控制感。

相反，即使是可控制感强的人，在遇到想一出是一出、做事缺乏连贯性，且对员工绩效评价又毫无一致性的新领导时，也会出现可控制感下降的情况。

如何养成更广阔的视野

拥有广阔的视野也有助于提升个体的可控制感。

例如，当你身边出现这样言行不一的前辈，嘴上说着"有什么不明白的话，随时问我哈"，但当你真有不懂的想要请教他时，他又是另外一副不耐烦的态度，"这么简单的事，自己好好想想去吧"。这些人总是嘴上说一套，实际做一套，做什么事都看心情，情绪变化无常，遇到这样很难相处的同事，实在让人头疼。

身在职场，新人经常会遇到这种性情不定、对自己忽冷忽热的老员工，因此也总能听到他们抱怨"又被那喜怒无常的老员工刁难了"。其实这就是面对对方喜怒无常的态度，自己失去了可控制感，进而产生了短暂的压力感。

但是，也有不少职场新人对此持有不同认知，他们认为"这个世界上像老员工这样喜怒无常、性情不定的大有人在"。他们能够正确看待这种现象，告诉自己"身在职场，这种现象再常见不过了，完全在我的预料之内"，能够更加从容地应对来自老员工的刁难，而不会因此让自身心理压力过大。

就像这样，拥有"大视野"的人，格局大，站得高，自然就"看得远、看得清、想得透"，不为"小事"忧，不为"小事"扰，对事态和处境的可控制感也就更强。

我们说可控制感指的是"发生在周遭的事大都在'预料之中'"的感觉。所以可控制感较弱的人，很难把握当下自身的处境，也无法预知事态未来的走向和趋势。

因此，陷入不安或感到迷茫时，可控制感较弱的人可以让自己有意识地去思考"我没能理解的、无法掌控的事情是什么"来积极提升自身的可控制感。

那么，接下来，本书将为读者详细介绍可以提升可控制感的具体方法。

提升可控制感的方法

- 在规则清晰明了和价值观明确的环境中不断积累人生体验。
- 拥有更广阔的视野。
- 感到不安和迷茫时，积极思考"我没能理解的、无法掌控的事情是什么"。

例

在大体知道"自己作为下属应该如何行事"，并能在一定程度上预料其行为和理解其意图的领导身边工作。

在达到什么分数线就能被什么层次的院校录取、取得多大的成效就会被高度赞扬的社会，即被量化或以明文规定的形式确立下来的客观通用的秩序和规范所构成的外界环境中工作。

别怕丢人，不懂就问

知晓自身所处环境的规则和秩序。

调查就业规则和人事评价标准

当今时代不确定性高，而且我们对社会整体缺乏稳定的预期。

企业经营者的经营战略和经营方式方针太"善变"，老板的决策常常"朝令夕改"，领导的想法一时一变，想一出是一出，安排工作毫无计划和章法，如果是合同制员工，而非正式员工，工作内容更是常常变动，工资发放也不稳定。

我们身处其中，被一系列的不确定性和不可预见性所包围，并因此备感压力时，该如何是好？

首先，极为重要的一点是，你应该积极调查并掌握自己所在的组织中默认的那些"潜规则"或明文规定的相关制度。

各位亲爱的读者，你曾认真调查和了解过自己身处的职场到底存在着哪些"潜规则"或明文规定的规章制度吗？

例如，公司公布的员工职业守则、服务规范、纪律要求及人事绩效评价制度。

作为新人，在入职的第一天一般都会接受新员工的入职培训。企业通过入职培训让新员工了解公司的人事和从业的相关规章制度。

但是，除非遇到特殊情况（休病假或者从事兼职等），很少有人会意识到这些规章制度的存在。当然，相较于一般性制度，很多员工通常会比较在意公司的人事评价制度。

因为掌握企业是以怎样的一套人事评价制度对员工进行了什么样的评价，有助于优化我们的职场表现，让自己知道该往哪个方向发力，也能让我们有意识地注意自身的职场言行，知道自己该如何行事。

身处职场的我们要做到能时时、事事留意职场中的工作要点。

这样有助于锻炼自己更高效的工作思路，让职场更具确定性，提高自我管理的可预见性和可控性。

勤学好问、请教他人很重要

很多时候，我们不了解领导对员工的评价标准，公司的人事考核标准也常常含糊不清。遇到这种情况，最重要的就是积极向了解公司人事评价标准的同事、领导或人事部门请教。

你可以和领导说"领导，如果咱们公司有明确的人事评价标准，我想向您了解下具体内容"；如果不方便直接和领导沟通，你可以尝试向更易交流的同事或老员工虚心请教，跟他们多了解情况，如"咱们公司人事考核，最看重哪几项呢？"

可控制感较弱、总纠结苦恼于当下的人，大都没有多多请教、好好确认。

试着去了解自己所在职场的规章制度或评价标准体系后，你就能做到对职场"大体知晓，有所把控"。

在某种程度上，如果我们能充分知晓公司的各类规章制度或标准体系，我们的焦虑和不安自然就能有所缓解，也就能更加积极主动地确立自己的行动方针和计划。

列出计划，获得预期结果

要提前下功夫，做到对自我处境的大体了然并能对未来事态做出粗略预测。

越有预见性，越不会焦虑

对你而言，一成不变的日常工作和被领导突然安排的艰巨任务，哪一个会让你感到不安，更有压力呢？

当然是后者。领导突然给你安排了一项重大任务，虽然你可能会为领导的器重和项目的重要性而兴奋激动，但是面对一个你从未涉足过的、并不熟悉的工作，相信或多或少你都会有些不安。

熟悉的事物会让人有安全感。相反，陌生会带给人不安。

但是，即使面对未知，如果能在某种程度做出一定预测和估计，或者能够大致理解和说明，那么个体的可控制感就不会减弱，也就不会对未知产生恐惧。

例如，当你一个人来到国外一片你从未踏足过的领土，抑或漫步于国内一条你完全陌生的街道，哪一种情形会让你稍感安心呢？虽然对你而言两者都是陌生的街道，但是如果身在国内，你会有一个基于国内社会环境的基本判断和认知，即"如果是国内，社会治安也比较好，有什么不懂的可以随时找路人问"，这样想，你自然不会有强烈的不安感。

形成"我已经掌握得差不多了"的想法

可以说，可控制感是个体能够自我剖析问题原因、对存在的问题有所了解，并能在一定程度上预测今后事态的走向，大致解释问题本身的感觉。

因此，如果我们能提前下功夫在事前做好准备，也能提升个体的可控制感。

对于那些尚未发生的事，我们总是感到内心惶惶，认为"未知"即是恐惧。事实上，面对未知事物，莫名感到不安、内心充满恐惧是再正常不过的事儿了。

但是，即使面对未知，如果能在一定程度上做到大致预测和解释的话，个体的可控制感也会有所提升。

要想从容面对未知，做到"大体预测""说得清道得明"，提前做好准备、做好调查就极为重要。例如，第一次去客户现场进行产品宣讲，无法预知宣讲时客户的反应是当然的，但如果我们能就客户信息进行调查，并结合自己以往的成功经验，或者从书本以及有产品宣讲成功经验的人身上取经，做好万全准备的话，是不是自己的不安和焦虑也能有所缓解呢？要知道，这只有在我们做好充分准备，进而提升了自身的可控制感后才能实现。

面对未知世界，**提前做好万全准备，充分进行调查，直至自己能够对事态有大致的把握和掌控**，这对提升自身可控制感至关重要。

大胆预测，慢慢修正

将理想的自己具象化。

试着描绘未来的自己

各位读者，在卖力工作的当下，你是否会描绘对未来职业的展望，遐想那个几年后在职场叱咤风云的自己呢？

身处压力极大的职场，堆积如山的工作、复杂的人际关系，大多数人根本无暇顾及什么职业规划和展望，也没有多余的精力去考虑所谓的"职业理想"，只有忙不完的今天和疲于应付的明天，光应付眼前就已经筋疲力尽了。但是，也有一些人以长远的眼光去规划自己的职业生涯。

而"想象未来的自己"，或更进一步，"具象化未来的自己"有助于提升个体的可控制感。因为这种具象化在某种程度上能够帮助个体用前瞻性的思维去预测自己的未来。

那么，如何才能具象化"未来的自己"呢？

一开始我们可能很难明确自己的最终目标，也无法立即描绘出人生的最终理想状态，但是我们可以畅想在不远的将来，例如在 2~5 年这样较短的时间跨度内，身处当下的职场，自己对未来的职业有什么规划？或在 5~10 年这样较长的时间跨度内，自己想要如何锤炼自己，成就怎样的事业高度和练就怎样的技艺？

现在开始，做好 2~5 年的职业规划

首先，当你根据自己当下所处的环境（公司、社团），描绘今后想要成为的自己时，你可以用"完成时"的表达方式，尝试写下 2~5 年后自己已达成的愿望或已实现的个人发展规划。

2~5 年后的自己

·3 年后，我在这个部门已经成长为 4~5 人小团队的领导，作为团队领袖在职场叱咤风云。

·5 年后，我就职于商品企划部，正面向某某客户群体研发热门商品。

接下来就需要你在认真思考的基础上，分条列举为了实现上述目标，你"需要在哪个部门多多积累怎样的经验""应该常和什么样的人打交道"等等，并在每一条后附上达到目标的期限和具体方法。

在进行以上梳理时，很重要的一点就是，对于自身无法掌控的部分（例如：人事调动等），不必太过纠结。

你可以把自己想到的各个事项分为两类——"可掌控的事情"和"无法掌控的事情"，并聚焦自身可以掌控的部分（例如：向公司里资历深的前辈虚心请教升职之道，或深耕某一领域）。

在进一步思考具体实现路径时，可以对已列举部分进行重新审视，你会发现原先认为自己根本无法掌控的部分，其实也握有掌控权。所以，修正之前制定的目标，调整期限和计划也是常有之事。

发生变化不要紧，只有在不断的思考中，我们才能拨开云雾，看清自己真正的目标，并用好有利条件，准确把握好当下。

能够清晰地描绘未来几年的"自画像"，并有清晰的时间观念和期限意识，这有助于提升我们的可控制感。

请你试着描绘未来几年的"自画像"吧

1. 首先请你尝试用"完成时"的表达方式，尝试写下 2~5 年后自己已达成的愿望或已实现的个人发展规划。

例 5 年后，我就职于商品企划部，正面向某某客户群体研发热门商品。

2. 接下来，请你在认真思考的基础上，分条列举出为了实现 1 所采取的重要方式。

·需要在哪个部门多多积累怎样的经验

·应该常和什么样的人打交道

3.最后，请你在 2 中写的每一条后附上达到目标的期限和具体方法。

若想成为专业人士，做好 5~10 年的职业规划

当给未来的自己定位为"职业人士"时，我们就需要明确应该磨炼和精进的方向。根据自身想法，我们可以做好 5~10 年的职业规划。未来的自己可以是研究人员，也可以是律师。而这些专业领域的从业者都要花费数年来磨炼内功，才能具备符合职业要求的基本素养和能力，拥有执业资格。

另外，一个人能否有所成就，也取决于他所处的环境。如果想成为一名研究人员，就要面临漫长的求学之路，大都需要读到博士阶段；而且读博一般没有收入，如果还要抚养孩子，经济压力就会更大，就需要另找出路。

所以，我们要时刻看清自己当下的处境。读者可以按照下方的图示画出自己的人生发展图，这样有助于你更好地理解和看清自己的处境，认清自己的位置，活出自己想要的样子。

首先，你需要列出成为未来的自己的必要条件。这里所说的"条件"可以是技能、人脉、时间、金钱等。

接下来，你需要对标以上这些必要条件，用百分比的形式，明确自己现在已经达到多少。

结合达到目标的必要条件，
对标现在的自己，请用百分比的形式进行自查

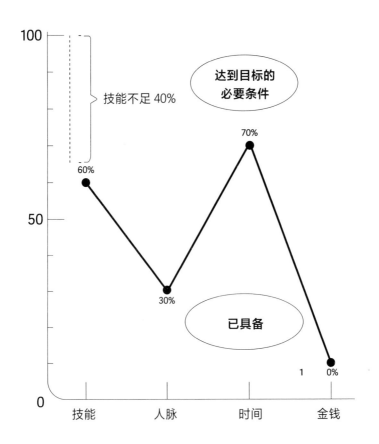

这样，我们就能认清自己的现状，在看清当下自身实力的同时，也能对理想与现实的差距有所把握。

例如，将实现目标的必要能力设为 100% 的话，目前自己的技能只达到 60%，那就说明自己还需要提升 40% 的技能。

我们可以具体写出这些分析过程，这能让我们对未来的预测更精准，也有助于提升自身的可控制感。

为自己树立人生榜样

当然也有一些人不知道自己想要成为什么样的人。当你对自己的未来感到迷茫时，可以尝试为自己树立一个人生榜样。

榜样或者行业楷模，一般指的是在自己的职业生涯起到标杆作用的人物。以榜样为奋斗目标，通过模仿和学习榜样的行为方式、价值观和工作方法，借鉴他们的成功之道，能帮助自己更好地实现目标。

例如，休完产假重返职场的女性，总会焦虑不安，担心自己无法适应职场环境，更不知道自己会被安排到什么岗位。所以新手妈妈重返职场后，可控制感会减弱。

但是，如果此时她的身边有一位同是新手妈妈的同事，当看到同事能够完美地平衡职场和育儿时，这位焦虑的女性会有何感受呢？身处职场，我们遇到可以兼顾工作和家庭的女强人，并以她为榜样时，就仿佛看到了具体的实现路径和方向，知道了自己该如何应对，个体的可控制感自然也就得到了大幅度的提升。

另外，**自己树立的人生榜样，完全可以是你不认识的陌生人**。在油管（YouTube）等社交媒体和自媒体上，如果有个人"他做的正是我梦寐以求的事，自己的梦想被他实现了。到底是怎么做到的？"，当你抱有这份好奇心时，你就可以将他看作自己学习的对象。

想象临死时想做的事情

列出"死之前一定要完成的事"，现在开始执行。

列出属于你的"遗愿清单"

本书在前面章节也提到过，有不少人对自己的未来很迷茫，对自己的未来缺乏想象。

每当我向来心理咨询的患者提问"你可以想象一下 1 年后或者 5 年后的自己吗？"，他们大都回复道："应该和现在没什么两样，处在迷茫期吧。"

这样回答我的患者，他们的语调大都让我感受到了一种"逃避现实、放弃人生"的消极心态。确实，当我们的人生被烦恼和焦虑填满时，又如何能看到未来的光明与希望呢？但长此以往，个体的可控制感会很弱。

每当遇到这样的来访者，我都会换个问题——**"你有终身热爱或想要实现的事吗？"**而听到这个问题，几乎要放弃人生的来访者的眼里突然有了光。

"你有终身热爱或想要实现的事吗？"这一问题也被叫作"遗愿清单"，出自一部叫作《发现最棒人生的方法》（*The Bucket List*）[1]的电影。电影讲述了两位身患绝症的老人在生命的最后阶段，实现一个个未完成的愿望的故事。

我非常建议那些埋首于生活无法抬头仰望未来的人，可以为自己列一份"遗愿清单"，帮助自己提升对人生的可控制感。

憧憬未来，畅想热爱，积极乐观地展望和描绘属于自己的未来，会让因一地鸡毛的生活而筋疲力尽的自己重新找回从容，以更大的格局和更广的视角看待生活。

---

1 《发现最棒人生的方法》（*The Bucket List*）：一部于 2007 年上映的美国电影，也被译为《遗愿清单》。——译者注

将现存想法记录下来

想要列出属于自己的"遗愿清单"，首先需要你无视"自己是否能做到"的担忧，也不去在意金钱和时间等其他因素，你可以单纯地将你的心愿写下来。

你也可以用手机自带的笔记功能来记录，但我更推荐你手写在笔记本或手账上。因为手写能够刺激承担"思考""分析""注意力"等人类重要认知活动的前额叶皮层，从而让你加深印象。

一般来说，"遗愿清单"需要我们写下 100 个人生挑战或愿望。但是我们也可以不拘泥于此，只写 10~20 个心愿，时间跨度也不一定是整个人生，只写在退休前想要完成的心愿，也是完全可以的。

这里还要和大家再次强调，**在梳理自己的"遗愿清单"时，不必纠结实现这些心愿所花费的时间和经济成本，也不用考虑这些心愿的可实现性，更不必在意这些心愿的大小。**

从"想要游遍整个欧洲的城堡""想去读研究生，做自己想做的研究"等需要花费一定精力的大心愿，到"想去打卡网红咖啡店"等稍加努力就能实现的小心愿，你只需要写下自己的内心所想即可。

在你畅想和挥笔书写的过程中，未来的图景就变得清晰起来了。

试着写下你的"遗愿清单"吧

你终身热爱的事（或想要实现的心愿）有哪些呢？

（※ 请你无视实现心愿所花费的时间和金钱，也不必考虑实现的可能性，更不必在意愿望的大小。）

你了解自己的价值观和想法吗

从日常点滴了解自身固有的价值观和思维惯性。

格局和视野小的人更易焦虑、内耗

在本书的第 54 页已经阐述了"事先准备计划"对于提升可控制感的重要作用。

而与"事先准备"比较相似的另一个提升自我可控制感的方法就是"知己",此处的"知己"具体阐述为"**熟知日常生活中自己抱有的价值观和已形成的思维惯性**"。

个体通过自身感觉或既往的经验建立起了一套自己的认知框架（价值观或看待事物的思维方式），并基于此看待他人和理解世界。

例如，基于过往的经验，个体认为说话语速快的人，性子也很急。然而面对一个快言快语的人，如果能抛弃刻板印象，和对方友好交谈的话，也许能收获一位志同道合的朋友；但如果基于这样的认知框架，先入为主地认为自己不擅长和性子急的人打交道，产生畏难情绪，反而可能会错失本该成为挚友的机会。

或者当对方回复消息比较晚，基于消极思维的认知扭曲，个体容易陷入负面思考——"他只对我回消息慢""估计是我在他那儿没什么存在感，对方根本不在意，才把回复的事儿给忘了"……其实有很多原因会导致对方回消息比较慢，但是抱有负面思维惯性的人，很容易让自己的认知变得单一、思维变得狭隘。

当个体的思维模型（价值观、思维方式等）比较狭隘时，他就会把自己限制在一个非常狭窄的范围内，看不清事情的全貌，也失去了包容力。

认知框架狭隘的个体，在遭遇和自我评价不相符的人或事时，也容易陷入不安和焦虑。

所以，逐渐拓宽我们的认知边界，超越固执的限制，打破狭隘的视野吧。

打破自己的思维定式

首先，请读者认真思考下自己到底持有怎样的价值观和思维惯性，特别是了解自己到底持有怎样的负面思维和消极的价值观，例如让自己产生畏难情绪的事、容易让自己情绪低落的事、让自己心烦焦虑的事、让自己深恶痛绝的事、令自己讨厌的事等等。

·自己不擅长和什么样的人打交道？

·什么时候自己会心情低落？

·哪种情况会让自己备感焦虑，心烦不已？

请读者认真回想容易引发以上情绪和感受的具体情景。通过这种方式，你能够简单快速地了解自己的价值观或思考的惯性和倾向性，进而知晓自己的思维定式。

在"知己"，即了解了自己的思维惯性后，就可以及时做出调整。

但是，这里所说的"调整"，并不是强迫自己正向思考，而是"摸索更符合实际的思考模式或思考视角"。

例如，我们可以通过回答以下问题来不断调整自身的思考模式。

"自己不擅长和什么样的人打交道？"

回答（例）："不喜欢嗓门大的人。"（**想当然地认为不擅长和对方打交道**）

↓

"为什么呢？"

回答（例）："嗓门大的人没有素质、自以为是、不会体谅他人，也不顾及他人感受。"（**负面认知倾向**）

↓

"如果从另一个视角思考，这些大嗓门的人有没有什么优点呢？"

回答（例）："也许因为他们嗓门大，所以说话声音洪亮又清晰。"（**调整思维方式**）

就像这样，我们不要把"嗓门大"归因为"这个人向来我行我素，不顾及他人感受"，而是应该拒绝主观臆断，基于对实际情况的观察、分析和认知，重新了解到对方的"大嗓门"其实源于"想要你听得更清楚"的善意。当你打破了自己的负面思维惯性，你自然不会对"大嗓门"的人那么反感了。

如果我们在日常生活中能及时意识到自己进入了"负面思维惯性"，就能快速调整，有意识地让自己从不同视角看待周围的人和事，**这样也能帮助我们抑制不必要的"消极反应"**。

总是习惯于负面思维的人，在最初修正自我认知模式时，会感到很吃力。但即便如此，我们还是要尽量在生活的点滴中主动调整自身的认知模式，有意识地多想一步，不要想当然地随意下定论，试着先了解客观事实，去看到好的一面。

当我们打破了思维惯性时，我们就不会只关注负面，而能够基于客观事实去进行多维度思考，我们的周遭也会随之发生变化，面对困难时也更容易找到解决的办法，遇到难题时，也会积极主动思考对策，提升自己的行动力。

第八节

远离"标签化"和"应该如何"

不要随意自我标签化，凡事拘泥于"应该"。

那些总说自己倒霉的人

想要提升可控制感，切记要警惕"贴标签"带来的自我固化。因为给自己贴上负面的标签，认为"倒霉的人总是我""自己老是被人看不起"，会在自己的内心树立一个完全负面的自我形象。

在前来找我进行心理咨询的人当中，抗压力差的人总会对周遭的变化不满，他们总是抱怨"就我最吃亏"，因别人"不把自己当回事儿"而沮丧烦闷。

总抱着这种消极思维，人很难对未来有什么期待和盼头，更无法知晓自身处境，洞察当下周遭的环境，双眼自然就会被负面影响蒙蔽，看不清未来的走向，即无法掌控全局的人很难形成对这个世界的可控制感。

除此之外，和贴标签类似，我们还必须摆脱"就应该……""理应……""必须……"这些僵化的思维方式。

例如，当你过于在意"一定要守时""领导的话必须言听计从"，那么面对一个"不守时的人"或"因为其他不得已的情况，无法遵照要求办事的人"时，你就会心生怨恨，无法原谅对方。这种过于武断片面的认知会让自己的格局越来越小。

直面自己，指出问题

由此可见，扪心自问是不是自己也被"自我标签化"和"思维僵硬固化"的认知所束缚，就极为重要了。

我们可以参考以下示例，尝试叩问本心。

"是否总是抱有负面思维，习惯于认为'自己属于某某类型的人''总是容易……'等给自己贴标签的行为呢？"

回答（例）："我属于容易吃亏的性格。总被强塞工作也不会拒绝，只能默默忍受，总是麻烦缠身。"（**自我标签化**）

"看待事物时是否容易产生'就应该……''必须得……'的想法呢？"

回答（例）："总认为必须得守时，不能说话粗鲁，必须听从领导安排。"（**思维的僵硬固化**）

我们要学会质疑自己的"自我标签化"和"思维僵硬固化"的认知习惯，"我真的总是吃亏吗？难道自己一点收获都没有吗？""虽然我认为做人一定要守时，但是这是绝对的标准吗？有没有例外呢？或者有些时候是不是可以灵活处理呢？"不断打破曾经的认知，才能提升认知维度。

意识到自己在日常生活中有"自我标签化"和"思维僵硬固化"的认知习惯，并积极调整，我们就一定能够扩宽自己的认知边界。

知晓"自我标签化"与"思维僵硬固化"的认知习惯

·是否总是抱有负面思维，习惯于认为"自己属于某某类型的人""总是容易……"等给自己贴标签的行为呢？（自我标签化）

例 属于容易吃亏的性格。总被强塞工作也不会拒绝，只能默默忍受，总是麻烦缠身。

·看待事物时是否容易产生"就应该……""必须得……"的想法呢？（思维僵硬固化）

例 总认为必须得守时，不能说话粗鲁，必须听从领导安排。

快停止"因为……我应该……"

不要抱怨自己运气不好，不要有"因为我这样，所以我应该……"的想法。

苦恼自己总是走霉运的今井

接下来，本书将结合心理咨询的具体案例，通过故事为读者传授提升可控制感的方法（基于个人信息保密原则，来访者的个人隐私和咨询内容将稍作改动）。

几乎一半的来访者在谈及自身过往时，都抱怨自己"运气差""抽到的都是下下签"。

听了众多来访者的困扰和烦恼，我发现，运气不好确实会对自身产生不利影响，让人"祸"事缠身。

例如，和所属部门的领导合不来；遇到了喜欢投诉的客户；刚调来，新部门就解散了；等等。遇上这些糟心事，可以说多少和自己的运气差有些关系。

虽说如此，但所有的糟心事，都是因为自己"运气差"吗？

接下来，请读者朋友们带着这个问题来分析一下今井（化名，30岁以上女性）的事例吧。

今井的故事

我在国内大学毕业后就去国外留学深造去了，作为海归回国后入职时，已经二十七八岁了。和同龄人相比，我的社会经验少，加之去了一个不需要英语能力的部门，学的英语也完全派不上用场，这让我在职场上感到自卑，在与我一同入职的年轻人面前也总感觉抬不起头来。带着这份自卑感，我的工作做得也很局促。

在部门（7人）聚餐时，可能由于自己没什么存在感，我还没拿到酒杯，领导就说道："大家手里都有酒了，来，我们一起举杯，干杯！"有时，在部门的工作联络群里，大家给领导发消息，领导也只会对我的信息"已读不回"。

部门规则原本是大家轮番负责记录会议纪要，现在全是我一个人在负责，大家似乎对此达成了一种默契，对此理所当然。

最近，我被调到了能充分发挥自身留学优势的商品企划部下属的海外事业部，虽然我干劲十足，但依旧"默默无闻"，得不到尊重。

企划部通常会两人一组推进新项目，我和公司的一位"氛围担当"老员工（30岁以上女性）结成了一组。一开始我以为她会耐心倾听我的想法，但是，之后每当我和她说起我的企划时，她都会说"交给我就好！"。一段时间过后，我原本的创意在她的稍加改动后，转眼就变成了她主导并企划的方案出现在了会议上。听到领导称赞她的企划有实操性、有前景时，我的内心五味杂陈，却什么也说不出口。而那时她却不断地冲我使眼色，还摆出了胜利的手势。虽然从她的眼神和手势里我看不到她的想法，不知道她是不是故意做给我看，但是当下的我却很憋闷。

我总觉得自己去哪儿都能"毫不费力"地抽到

"下下签"。

现在的今井陷入了一种无论身处何种境地，面对环境的变化总能发现"不满"之处，并将其归因于自己"运气差"的状态。她的行为正是本书第76页所提及的"自我标签化"。

如果总以这种思维去看待人和事，总认为自己"运气差"，就会形成对自身的负面认知，并在潜移默化中不断强化这种认知，长此以往，自己只会越来越没有信心，无法憧憬美好的未来，更无法获得对世界的可控制感。

其实，对运气"好"与"坏"的定义和理解，本身就因人而异，不能一概而论。"运势、运气"本身就蕴含"不可靠，不可预测"的意思，与有助于形成可控制感的"可预测""能预料"正相反。

当认定自己"就是运气差"时，我们就无法把握现状、了解自身处境，更无法做出准确和客观的分析，最终就会失去"把控"的能力。于是，即使是好事，也会倾向于负面解读，对于负面信息（不擅长和这个老员工打交道）过于敏感，对于正面信息（自己终于到了理想的部门）变得越来越迟钝和无感。

领导把你和自己讨厌的老员工安排到了一个小组，对你来说，这确实有些"不走运"，但是与此同时，你也要看到"自己终于到了想去的部门"这"走运"的一面。

凡事有利有弊。如果只聚焦"不走运"的一面，就很容易被负面思维所支配。不改变这样的认知模式，最终就会给自己贴上"我是倒霉蛋"的负面标签。

所以，最重要的是，我们要意识到自己"有负面思考的坏习惯"。然后，尝试看到某件事对自己"有利"的一面。

有意识地让自己不要总盯着"不利"的一面，而是学会聚焦对自己"有利"的一面，这样就能逐渐改善负面的认知模式，培养自己发现"美好"的思维能力。

很多事不必非得追求"应该"

今井还抱有一种僵化的思维模式，无形中给自己设定了很多诸如"我是晚辈，不能向前辈提意见""作为后辈的我自然要学会忍耐"的规则和要求。

如果一直以一种狭隘、单一的思维方式看待周遭事

YES, YOU CAN

WORK OUT

BUT FIRST COFFEE

WORK

允许自己
"枯萎"几日

DO IT

TO DO

Relax

GOOD MORNING

物，不知不觉中它就会内化为自己的思维惯性。而想要摆脱这种僵化的思维惯性，就需要摸索其他的思维模式和认知方式（本书第 77 页）。

另外，正如本书第 59 页所阐述的那样，你也可以尝试思考未来 2~5 年"自己在这个公司会有怎样的发展""自己想要成为什么样的人"，不断拓宽自己的视野和格局，突破拘泥于眼前的思维桎梏和认知束缚。

第三章

可解决感：
"我能处理、解决好"

第一节

船到桥头自然直：万事皆可解决

可解决感就是"我能够应对""总会有办法的"的感觉。

利用自身资源渡过难关

在本章，我将为读者详细解读"可解决感"。

可解决感指的是，个体产生的"我能够应对""总会有办法的"的感觉，而如何让读者产生这种信念感，也是本书的主题之一。

作为心理咨询师，我在咨询过程中发现，抱有负面思维的人和抗压力差的人，他们与积极正向的人相比，可解决感水平也更低。

具体来说，"自己能够应对""总会有办法"的感觉是指即使身处高压力环境或面对突发事件，依然相信自己能应对自如的信念感，以及遇到困难或遭遇痛苦事件时，能够在他人的帮助下积极应对的自信。

为什么个体会产生"相信自己能够从容应对"的自信、"总会有办法的"的乐观心态，以及"一定能够克服"的信念感呢？**其原因就在于个体知道自己拥有走出眼前困境的"资源"。**

人脉、学识、经验、权力、地位等都属于"资源"。虽然对个体来说，手握资源无比重要，但是在遇到困难时能快速调用这些资源也很重要。

人脉也是武器

对我来说，在说明"资源"时常会提及的就是**"伙伴和武器"**。这里的"伙伴"指的是"人脉"，即人际关系。

在职场，当你身陷困境时，身边有随时可以求助的同事，只需一封邮件就可以从同事那里打探消息——"我现在遇上了点难题，关于那件事，你这边有什么消息没？"遇到难题时，身边有什么事都能商量的领导帮你一起想对策找办法，你自然会有底气，相信自己可以从容应对。

但是，如果就职于黑心企业，工作中遇到难题时，身边不但没有能帮你想办法的同事，领导还对你不管不问，让你自己想办法，这样你自然会产生畏难情绪，心里越发没底，不知道该如何是好，自然也不会产生一丝"相信自己能够应对"的念头。

作为资源的"武器"，指的就是**学识、经验、金钱、权力、地位**等。

此处以**金钱**为例，来说明一下"武器"的重要性。比如你是一个大项目的负责人，由于下属的过错导致项目出现了损失，如果当初预算编制不合理，没有预留资金，在预算不足的情况下面对项目损失，你会很容易产生"预算不足，怎么弥补？"的焦虑情绪。但是如果手头的预算充足，你就给自己留出了更多的应对空间，认为"这点小过错，不是大问题"，自然就对问题的解决抱有信心。

权力与**地位**也是同样的道理。遭遇不测或难题时，手握大权、身居高位的人更从容，对问题的解决也更自信。

例如，店里来了蛮横无理的顾客，主管自然比普通店员拥有更强的应对能力和掌控局面的自信。

拥有一定的权力（此处指的是被赋予的权限）和地位，可以帮助个体应对和解决更多、更难的问题。活用权力和地位，提升解决问题的能力，就能产生"这个问题一定能够解决""总会有办法的"的信念感，而这种信念感本身就是可解决感。

人生经验和学识的重要性

另外，经验的多少和学识的高低与个体的可解决感紧密相关，对个体能否产生"能够应对"的信念感也有很大影响。

基于自身积累的经验与掌握的学识，个体能够对自身境遇有大体了解，对事态未来的走向也能大致预测（可控制感），并产生"能够应对"的信心（可解决感）。

例如，在一个难度很大的工作岗位上，不仅需要处理复杂的工作，还要应对难缠、要求又多的客户。面对这样难度极高的工作，才步入社会 3 年、经验不足的职场"小白"和久经商场且已经有 15 年工作经验的谈判高手，谁会更有工作自信和掌控感呢？

当然是后者。这是因为那些过往的职场经验已转化为深厚的学识，过往的丰富经历也转化为了现实中的各项能力。

而个体基于丰富经验获得的"自身能够应对"的确定性和信念感，也是一种可解决感。

基于经验又超越经验，将经验转化为智慧的人，已经建构起了自我信念感，他们笃定根据自己以往的经验，一定能找到解决的办法。

除了自身过往的经验，我们还可以通过阅读或与他人对话来汲取学识，获得智慧。

例如，当你不小心卷入了一场诈骗案时，如果之前听他人聊过类似的事情，或者阅读过相关的书籍，你自然会应付自如，因为你知道该如何行动，也了解遇到问题该找谁商量，这会让你更有掌控感。

提升可解决感的重要因素

凡事以适度为妙。

适度承压：你的压力不可过大也不可过小

那么，如何提高个体的可解决感呢？

阿隆·安东诺维斯基博士提到，想要提升个体的可解决感，就需要积累正向的人生体验，也就是"**既不压力过载也不过度松弛，适度承压的人生体验**"。

这里的"过度松弛"指的是，个体几乎没有任何心理压力，甚至完全感知不到压力的一种精神或生活状态。

而"压力过载"则相反，指的是个体承受着巨大压力，处于压力超负荷状态。

例如，领导安排的工作量远远超过自己的承受能力，自己不堪重负，或者被分配的工作任务超出了能力范围，无力承担等等。这些都属于超负荷的状态。

换言之，"既不压力过载也不过度松弛，适度承压的人生体验"其实是指**"付出了努力，也承受了一定的压力，并最终收获成功的一种人生体验"**。

一般认为感知不到任何压力是最好的心理状态，但是提升个体的可解决感，还是需要适度承压。

在工作压力研究领域，"工作要求 - 控制模型[1]"（Job Demands-Control Model）是主流模型之一。（请参照本书第 99 页的图表。）

根据此压力模型，当"工作要求"（保质保量按时完成了领导安排的工作）和"工作控制"（员工对于自身任务和行为具有掌控权）均处于高水平时，员工的工作动机

1　工作要求 - 控制模型：此模型是一种工作压力的研究方法和测量工具，由卡拉塞克（Karasek）从工作的要求和控制两个方面出发提出。——译者注

增强，工作绩效也得到提升。

在恰当合理的工作要求和高度自主的工作控制状态下去完成工作本身就是一种积极正向的人生体验。有了这样的人生体验，即使个体从事高难度的工作，其可解决感也会保持高水平状态，面对任何艰巨的任务和棘手的问题也能迎刃而解。

换言之，**给予个体难易度适中的课题，当个体获得了克服这一难题的积极人生体验时，其可解决感也会随之提升。**

反之，当工作难度过大、强度过高时，个体难以承受超负荷工作带来的重压，其结果就是工作不顺利又没成果，这种失败体验很难帮助个体形成可解决感。

正是因为有了"成功应对"的人生体验，所以下次陷入困境时，才能不惧不畏，理性对待，相信自己一定有办法。

但如果给予个体的课题难度过低，例如"在 15 点之前，把资料给我复印 100 份"这种可以轻松做到的事，即使顺利完成，对个体可解决感的提升也收效甚微。

所以，在适度承压，稍加努力下完成一项对个体来说具有一定挑战性的任务，这样的人生体验更有利于可解决感的形成。

从成功经验中汲取诀窍

即使这种"成功"是在他人的帮助下实现的，也完全可以。或者是个体通过讲座等获得的模拟体验，抑或从他人那里知晓的体验等不是自己亲身体验的也可以。

提升个体可解决感的方法

· 通过"既不压力过载也不过度松弛，适度承压"的人生体验来提升。

· 重要的是，给予个体难易度适中的课题，通过克服这一难题获得积极的人生体验。

基于"工作要求-控制模型（下图）"
通过"积极（主动自发）"的工作来提升职场掌控感

控制度

低压力工作
工作要求低，但对自身任务和行为具有掌控权，在工作中感受不到压力，因此也无法从工作中获得价值感。

积极（主动自发）
虽然工作要求高，但对于自身任务和行为具有掌控权，能从工作中获得价值感。

高

低

高

要求度

要求度

被动（消极）
工作要求低，对自身任务和行为没有掌控权，从工作中感受不到价值感。总觉得工作没意义，很无聊。

高压力工作
不仅工作要求高，对自身工作还没有掌控权，很容易感受到工作压力。

低

控制度

以公司职员小K为例，小K独自承担了大量任务，陷入工作重围难以摆脱。

一天领导问他："那个任务，我记得今天是截止日期吧，做得怎么样了？"

小K带着哭腔回答："实际上，我还没怎么顾得上处理呢……"

于是，领导说道："这样吧，让大家给你搭把手吧。"随后领导马上把给他的任务的一部分分配给了其他员工，并把提交日期又延后了几天。

过了几天，在同事们的帮助下，小 K 总算是顺利完成了任务。

从这个过程来看，小 K 一开始独自承受，没有按时完成任务，看起来确实给公司和同事们添了麻烦，但是小 K 最终在大家的帮助下顺利完成了任务，对于小 K 来说，这其实也是一种成功经验。

从结果来看，小 K 从这件事上也获得了不少职场经验，例如"有困难要及早寻求他人帮助，不要拖延""不明白的要虚心向同事请教""必要的时候，要借助领导的力量"。

通过这次亲身体验，小 K 知道了遇到问题该如何行动，也培养了自信心，在下一次面对同样的情况时，能够相信自己可以应对自如。

第三节
借助他人之力积累成功经验

巧妙运用自己的人脉资源，快速迈向成功。

借助他人收获成功经验

我们知道，通过给予个体难易度适中的课题，让他们收获解决课题后的成功经验，有助于提升其可解决感。

但是，有时候我们很难凭一己之力获得珍贵的成功经验，所以我们需要重视并活用作为"**资源**"的人脉，即人际关系。

很多不相信自己"能够应对"，或"自己能够应对"的信念感较弱的个体，大都不擅长"依靠他人""寻求他人的帮助"。

但是你要知道，即使是借他人之力获得并不断积累成功经验，也能强化个体"相信自己能够应对"的信念感。

小时候学骑车，爸爸在你身后扶着车，你踩动脚踏板第一次骑行成功时感受到的"我可以骑自行车啦"的成就感，你是否还记得呢？

同理，借他人之力活用人际关系和人脉等资源，对于收获成功经验也同样重要。

心理咨询：倾诉者也是一种资源

心理咨询的来访者常常向我吐苦水"连个能商量、说知心话的人都没有"。虽然每个来访者的具体情况不同，但是"没有能够说知心话的人"和"不想和任何人谈及此事"，这两者是截然不同的。

"不想和任何人谈及此事"可能是因为有很多苦衷不得已而为之。对此我的建议是，你可以将自己的烦恼区分出来，哪些能与他人分享，哪些不能与他人分享，然后就能与他人谈及的事，尝试与他人多交流、多商量。因为与他人分享并不要求必须和盘托出，只选择那些自己觉得适合与他人分享的事，也会降低与他人交流的门槛，有时候还能对你有所启发，给你一些解决问题的思路。

另外，让人感到意外的是，个别时候有些可解决感过强的人也会出现"不愿和任何人沟通"的现象。深究其原因，我们发现，这些人当中，有些人是在某些方面无法信任他人，有些人是不习惯依赖他人。**这些人大都自身能力过强，手握"学识""经验""地位"等事关可解决感的重要"资源"，所以他们对"人脉"的需求反而较少，自然，其人脉资源也较差。**

而"连个能商量的人都没有"可能是由于身边不存在一个能说知心话的人，也可能指的是没有合适的倾诉对象，还有可能是碍于与倾听者身份、立场不同而说不出真心话，或者担心打扰对方，没有合适的时机交谈。

如果身边没有一个能说知心话的人，确实比较难办。但如果是因为没有合适的倾诉对象或者碍于身份、立场的不同，无法向对方说出真心话，那么你可以重新审视下周遭，试着找找其他合适的人选。

但如果你因担心打扰对方而无法与他人交谈，那你可能是被"凡事都应靠自己去解决"的固有想法绊住了脚。

正如本书第二章所述，凡事拘泥于"应该"，会让自己错过和失去很多自己本该有的东西。如果你也抱有这种僵固型的思维方式，就要多叩问内心"真的必须独自面对吗？"在一遍遍的叩问和再确认中逐渐摆脱这样的思维方式。

话虽如此，那些抱有各种各样的烦恼，找像我这样的咨询师进行心理疗愈的来访者，他们的可解决感并不弱。

因此，能够让你倾诉的心理咨询师也可以说是一种"资源"。

开始从微不足道的小事与他人商量

即使可解决感弱，如果在与他人的交谈中获得了解决难题的思路或启发，并由此使问题得到了解决，也属于一种成功经验。

即使不能快速解决眼前的难题，但是通过与他人的交谈，我们能收获新的思路，从他人的建议中汲取"智慧"，这样也有助于提升可解决感。

不善于和他人商量，不会寻求他人建议的人，就会错失通过这种途径获得资源的机会。

我们也需要提升寻求他人支持和帮助的能力。

为了提升从他人那里获得支持和帮助的能力，我们首先要从意识到"自己不擅长依靠他人""不会和他人多交流、多商量"开始。

其次，我们还要学着从点滴小事开始和他人多沟通、多商量，不断锻炼自己。

例如，你可以多向对公司周围的美食如数家珍的"吃货"同事打听"这附近有什么特别好吃的店吗？"；也可以和坐在身边的同事聊个天，问问对方"对了，你知道明天天气好不？"。从天气等轻松的话题开始，之后再慢慢提高难度。

例如你对某个电脑操作不太懂，可以多向懂电脑的同事问问"这个要怎么操作呢？"。如果在工作中遇到了难题，也可以向同事请教："最近很害怕和这个客户打交道，你说我该怎么办好呢？"逐渐延伸交谈的话题，拓展"与他人商量"的广度和深度。

第四节
阅读与你有相似经历的人所著的书

学习传记中相似处境下伟人们的解决办法；复刻成功人士的方法，找问题的出口。

如何用虚拟经历增加你的成功经验

除了本书上节所述的"借助他人之力积累成功经验"之外，还有其他方法能帮助我们获得更多的成功经验。

这个方法就是"阅读与你有相似经历的人所著的书"。个体可以通过假想的方法来增加人生的成功经验。这不仅有助于个体可控制感的提升，对可解决感的提升也极为有效。

因不胜任新工作而焦虑，因不和谐的人际关系而苦恼……我们身处职场，烦恼重重。从可控制感的视角去分析这些"烦恼"的话，其实它们都是因为个体"找不到解决问题的途径"（＝无法把握和理解境况）或"只聚焦不好的结果"（＝无法准确预测）而引起的。

而从可解决感的视角来看，那些"烦恼"来源于个体"没有找到解决问题的资源（武器或伙伴）"。

当个体身陷上述困境时，在有些事情上，他们可以轻松地寻求他人的建议，而在有些事情上，他们并不想"广而告之"，但是寻求咨询师或向律师等专家咨询又价格不菲。

为此，我给这类读者的一个小建议是，**你可以阅读那些与你有相似经历的人所著的书**。寻找这类书籍，一定要着眼于书的内容。

写下与现有问题相关的关键词

在真正选书之前，请你按照优先顺序写下与自身烦恼有关的关键词。

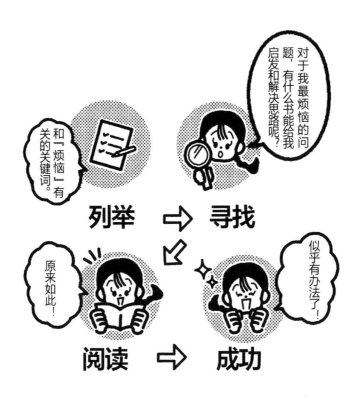

例如，如果你正烦恼如何与领导相处，那么你烦恼的关键词就是"职场人际关系""令人讨厌的领导""职场骚扰"等。

写下这些关键词后，你就可以走进书店，通过阅读书籍的腰封或者翻看目录，或通过对比书籍内容，最终选到适合自己的书。

当然，事前在互联网上通过关键词搜书，效率更高。在搜索引擎里输入关键词后，从检索出的众多书目中，挑选那些主题和自己烦恼相近的图书即可。然后找到那些与你境遇相似的人是如何处理职场人际关系的内容进行仔细阅读，了解他们对此抱有怎样的看法，或者用了什么方法和技巧来应对这些难题。

接下来，你可以把书中的场景替换成自己的职场，并在头脑内进行情景再现。

这样一来，虽然自己并未亲身体验，但是通过阅读，你可以从与自己有相似经历的人身上获得同样的成功经验，也能培育自身的信念感，产生相信自己同样能够做到的可解决感。

用笔记录日常生活中的成功经验

记录、总结成功经验，将微小的成功最大化。

将微小的成功可视化

通过自身努力解决一定难度的课题获得的成功经验有助于个体可解决感的形成。但是也有一些人"从没感受过什么成功经验""总是事事不顺"。

对于这样"诸事不顺"的人，又该如何获得成功经验呢？

即使是认为自己"诸事不顺"，"从没体会过成功的喜悦"的人，如果静下心来回忆日常生活的点滴，也会发现自己或多或少都曾有过成功经验。

· 和新入职的同事破冰，第一次聊天。

· 这次煎鸡蛋发挥出了历史最好水平。

· 找电脑高手帮我修好了电脑。

· 帮助被客户投诉的同事，一起解决了问题。

…………

不光是以上这些，如果我们仔细回想，平凡的日常里
都是"我做到了""终于解决了"的成功经验。

请你试着把这些点点滴滴的"小确幸"写在自己的
"成功日记"上吧。

"成功的小事"记录下来就足够了

很多人一听记日记就觉得很麻烦。其实记录自己成功
小事的日记本，并不需要长篇大论，只要在晚间睡觉前简
单记录一下就好。你可以先尝试记录一周。

"成功日记"最简单的写法如下：

请你试着写下自己的"成功日记"吧

日期	今天自己有哪些点滴成功的小事呢?
10 / 23	和新入职的同事破冰,第一次聊天。
10 / 24	这次煎鸡蛋发挥出了历史最好水平。
10 / 25	找电脑高手帮我修好了电脑。
10 / 26	帮助被客户投诉的同事,一起解决了问题。
10 / 27	早起神清气爽,今天有好好运动。
10 / 28	中午去的那家店,午饭很好吃。
10 / 29	没想到……

而且在睡前记日记,特别是回忆一天中美好的"成功小事"有助于改善睡眠质量,让你睡个好觉。

就如上图这样，在忙碌的一天结束后，你可以在睡前回想并记录下一天中点滴成功的小事。

每个人对于"做到了""成功"的定义都不相同。在繁忙又平淡的日常生活中，我们常常会忽略和遗忘那些"小成功"的瞬间。

当情绪低落、意志消沉时，负面情绪带动我们的思维方式也趋向消极，让我们忽略了生活中的点滴美好。

如果实在想不到今天有什么"小确幸"，也不必勉强自己去写成功日记。这时候你可以翻阅自己过往的"成功日记"。

特意重新翻看自己记录下来的过往的点滴"成功"，你会意识到自己竟然做成功了这么多事情！根据以往经验，你可以继续采取同样的行动，而在不断复盘和实践中，你也能收获新的成功经验。

积累可以缓解和消除自身压力的方法

提升信念感，消除压力。

减少压力和内耗的小技巧

虽说提升"相信自己能够应对"的信念感很重要，但是有时候我们更急于消除当前的巨大压力。

被可恶又可怕的领导安排了自己不喜欢的工作，自己负责的重大项目进展不顺利，令人反感的同事对自己恶语相向，等等。身处职场，工作压力常常爆表。

压力过大时，你通常会采取什么行动来缓解呢？

例如，当你面对以下情境时：

·截止日期临近，每天加班赶进度的话，我会去便利店买点甜点吃。

·工作氛围压抑，我会去休息室待会儿。

·工作上遇到不合理的投诉时，我会选择去泡温泉散散心，调节自己的情绪。

…………

当个体把自己遭遇的事件看作"压力源"（构成心理压力的因素）时，就会采取相应的应对策略（应对压力而采取的行动）。如下所示：

·加班（压力源）→去便利店买甜点（应对策略）

·工作氛围压抑（压力源）→去休息室（应对策略）

·工作上遭遇不合理的投诉→去泡温泉散心（应对策略）

如果应对策略取得成效，那么压力应激反应[1]也会得

---

1 压力应激反应：个体面对压力事件时，其生理和心理系统做出的一系列反应。——译者注

到改善。相反，如果应对策略无效或效果不佳，则有可能引起慢性压力[1]反应。

因此，我们要有一套行之有效的应对策略，例如"用这个方法，我成功缓解了自身压力，有效应对了压力事件"等等，通过此类实践，逐渐构建和积累应对压力事件的成功经验。

如果我们能灵活地选择恰当的应对策略，有效排解压力，我们就会活得更轻松。即使压力再大，也能从容应对，不会被压垮。

这样看来，**个体对压力的自我监控[2]极为重要**。

也就是说，你需要通过不断内省来了解"自己现在压力有多大""面对压力，常用的应对策略有哪些"等。

---

1 慢性压力：一种长期持续的压力感，如果不加以治疗，会对健康产生负面影响。——译者注

2 自我监控：最早由明尼苏达大学的马克·施耐德（Mark Snyder）教授在 1970 年提出，它用来描述：人在日常生活中会通过不断审视自我，并反思和调节自己的行为表现，来适应不同社交情景的能力。——译者注

撰写关于你的"压力应对方法"

自我监控的具体方法是写"应对日记"。

在日记中，要写下对以下 4 个问题的回答。

1. 压力事件：什么事情会让你感觉到有压力？

例：最近，总是接到各种不合理的投诉。

2. 请列举出你能想到的缓解压力的方法。

例：·去旅行。

·适当运动。

·去吃美食。

3. 请从 2 中选择你当下就能做到的。

例：适当运动。

4. 情绪有什么改善或变化吗？

例：心情变舒畅了些。

你可以仿照以上方式，写下自己的压力源和应对策略。当你通过记"压力应对日记"持续进行自我检测时，你会获得以下益处：

· 你能够了解生活中哪些事情容易成为你的压力源，对于这些压力事件你会产生哪些情绪反应等。

· 了解自己惯用的应对压力的策略。

· 知晓对自己行之有效的是哪些策略。

· 应对压力事件的工具箱越来越满（＝能够应对各类压力事件的办法越来越多）。

了解了自己使用应对策略的倾向，你也就能够有意识地改善应对策略，比如尽可能减少使用那些不利于身心健康的应对方法（例如明明自身肝功能异常，还经常喝酒解忧），排除对自己无效的应对策略，选择更加有效的应对策略来缓解压力等。

如果我们能学会缓解压力，我们在面对生活和工作时就会更从容，心态也会更平和、积极，自然也就能培育起"拥抱挑战，战胜困难"的信念感。

了解自身缓解压力的方法

应对策略

找到那个为你提供帮助和指导的人

结交那些你可以毫无顾虑地去寻求帮助的人。

能做你最坚实的后盾，给你安全感的人

我们完全可以在他人的帮助下，通过解决一定难度的课题，从而收获成功经验。但是，有不少人并不习惯依靠他人，也不知如何去寻求他人的帮助。

他们总抱有一种"自己不擅长处理人际关系""不知如何开口请求他人帮忙""要是低头求人，容易被瞧不起"的消极想法。

但是，如果不能构建良好的人际关系，自然也无法提

升自身的可解决感。

因此，我常在讲演或者面对来访者时强调，拥有一个能做你坚强"后盾"，让你能毫无顾虑地去求助或请教的人，或拥有一段随时给予你安全感的关系是多么重要。

"坚强后盾"，正如其名，是你心灵的安放之处。你可以把它想象成一个让你感受不到一丝危险，可以做自己，在遭遇危险时能守护你的一处港湾（心灵的依靠）。

对于成年人来说，心灵的安放之处，就是能够两心相知，产生心灵共鸣，彼此无障碍沟通的一段持久深厚的人际关系。

那么如何构建这样一段持久深厚的人际关系呢？

在我看来，第一步就是在良好的沟通氛围中学会倾听。

在心理咨询师的培训课程中（基于不同的级别和种类），老师会带着学员进行各种沟通技能的训练。但在开始这种训练之前投入最多的训练是"积极倾听"。

此处的"积极倾听"指的是"不代入主观认知，尽可能地保持客观，理解和接纳说话者表达的内容"。这对于彼此实现无障碍的良好沟通至关重要。

尝试积极倾听

学会积极倾听有以下几处要点。

· 不要主观评判对方的"对与错"。（因为你的评判只是基于自身的价值观。）

· 在倾听过程中，思考将自己的关注点放在对方谈及的哪部分字词和内容。（如果聚焦对方的想法和情绪，那么在对方谈及自己的感受或情绪时，可以尝试重复对方的话。例如，当对方说出"我很痛苦"，那么你要适当重复对方的话"确实是很痛苦"。）

· 要确认说话者和倾听者的角色没有发生互换。（即使倾听者有表达和陈述的机会，也不要表达自己的想法或建议，尤其不要从自己的生活经历或情感经验出发提建议。）

· 通过启发式对话，拓展对话的深度。（可以通过向对方提问"你为什么会这么认为呢？"不断挖掘对方的内心世界，让对话更有深度。）

当我们有意识地去"积极倾听"时，自身的倾听能力也会得到巨大提升，也能加深对他人的理解。

在沟通中想要做到两心相知、同频共振，第一步就是理解对方。当我们能够理解对方，并能对他人内心的情感和思想产生共鸣时，对方自然也能够理解你的内心，与你产生情感共鸣。

在这样的过程中，两个实现了情感共鸣的人自然能进行无障碍的良好沟通。彼此也能成为相互信任、无话不谈的朋友。这样的朋友正是你的"坚强后盾"，你也一定能敞开心扉，没有顾虑地去向对方寻求帮助和支持。

身边有这样的人存在，也会让你更有信念感和掌控感。

尝试改变自我逃避的行为模式

担心越重，愿力越强，就越容易"心想事成"。因此，不惧挑战，才容易成功。

惧怕失败、不敢挑战的人

不相信自己有能力应对难题的人，对事物总抱有负面思维。其结果是，既无法憧憬未来，也失去了行动力。

例如，如果领导让一个抱有负面思维的人出去跑新客户，去了十几家，一家也没谈成，那他马上就会得出负面结论——"是我没本事"。如果一个人凡事总是往坏处想，就很容易触发自身的消极心理防御机制，其行为模式会转变为"逃避模式"。

这种思维路径具体就是：没做成→是自己没本事→没自信→不去挑战（选择逃避）。

形成消极的思维路径依赖后，人总是选择逃避的行为模式，长此以往，个体"相信自己能够应对"的信念感就会越来越弱。因为不去挑战，自然也无法积累成功经验。

用行动改变思维

而改变这种"自我逃避"行为模式的方法就是"行动疗法"。

自我逃避的行为都是源于对自我的失望——"估计这次也做不到"，以及对未来的不安——"要是失败了怎么办"。因为惧怕和不安，所以不敢面对挑战，选择逃避。

虽说作为自我逃避行为之一的"逃避现实"，在短时间内可以缓解内心的不安和恐惧，但是，这毕竟不是问题最终的解决办法，长此以往只会让个体的不安和焦虑愈发强烈，进而对自己失去信心。

那么该如何改变自我逃避的行为模式呢?

方法就是**不要瞻前顾后，放手一搏**。不要想太多，凡**事先干起来再说**。

在刚才的例子里，面对出门跑新客户，没拿到订单的事实，不要一开始就陷入负面认知，而是先付诸行动（继续挑战下去），"今天不行，明天估计就有订单了""不管怎么说，先去下一家看看"。

长期从事销售工作的话，你就会发现被客户拒绝是常态，接受了这一点，你的心态就会越来越好，也会逐渐对"被拒绝"习以为常，同时你会明白被客户拒绝不代表自己的价值被否定。

无数次约见客户，最终总有一次能达成交易，而这将成为宝贵的成功经验，强化你的信念。

只有通过实际行动获得真正的成果，才能消除你最初的不安和恐惧感。

改变你的行为模式吧！

第九节

重视人际关系并从中学习

珍视人际交往，并从中有所学。

不擅长人际交往的高桥

在此，本书将结合具体事例，为读者讲解提升可解决感的方法。这个事例的主角叫高桥（化名，20 岁以上男性）。

高桥的故事

在我上小学一二年级的时候，父母就离婚了。母亲一手将我拉扯大。我的母亲是医院的护士，我们母子两人相依为命，住在离母亲老家不远的地方。母亲晚上去上夜班不在家的时候，我就会去姥姥姥爷家，虽然没有孤零零一个人生活过，但是父亲的缺失，还是让我感到了寂寞和孤单。

在母亲看来，没有稳定工作还沉迷于赌博的父亲，不是个好丈夫。但是我小时候父亲经常陪我玩耍，也只有父亲表扬过我。

我的姥姥、姥爷和妈妈，不想让我因为没有父亲而自卑，平时总是对我多一份关注，尽量弥补父爱的缺失。母亲为了让我进重点初中，给我报了课外辅导班，更加卖力地工作为我挣学费，姥姥和姥爷平常也会接送我上下学，为我做饭。

姥姥、姥爷和妈妈总对我说，"不能走你爸的老路，你要好好学习，考入好学校，以后去个好单位或者当个公务员，你要证明给大家看"，这些话就如他们的口头禅一般，天天被他们挂在嘴边。

母亲原本就是个好强的人，对我抱有过高的期待，她不厌其烦地对我说"成绩要考全班第一""要考进最有名的重点初中"之类的话。渐渐地，我对这些话越来越反感，每当我听到他们在我耳边念叨，我就感到很难过。有一次我实在忍无可忍，当着他们的面说了几句维护我父亲的话。母亲听后哭了，姥姥、姥爷也很看不起我。从那以后，我就一直扮演着他们眼中的"优等生"。

扮演优等生，母亲开心，我也被大家依靠和称赞，倒也没有什么不好的。

中考的时候，我终于满足了他们的期待，考上了重点附属高中，之后我直升大学，并顺利地毕业。但谁知我找工作时却遭遇了滑铁卢，入职了一家很一般的公司。我突然发觉，不知从何时开始，自己因为扮演这个"角色"失去了很多。

曾经我想要享受大学生活，加入了社团，还当了社团干部，但在联欢会上，我却没能像其他社团成员一样痛快淋漓地玩，因为各种事情让我没有一刻清闲时间。在学习和求职上，我也比别人加倍努力，但辛苦了半天却没有得到相应的回报。我转而看向其他人，他们没有像我这样的紧绷感，该放松就放松，却总有各种各样的人帮助他们，生活得也很好。

而我呢，别说朋友了，就连父母和老师，我都不知道该如何向他们寻求帮助，只有"假装自己没事儿"

的表演技能比谁都厉害。我的存在价值变成了承揽那些棘手的、别人不愿做的事情。如果我拒绝了，似乎就是在否定自己的存在价值，这让我内心感到非常害怕。

入职这家公司后，我就一直在这里工作，感觉这个社会有很多不合理、不公平的事情。我和跟我一起入职的吉田（化名，男性）同属一个营业部，听说下个月有人事变动，他会晋升至管理岗。对于吉田的升职，我高兴不起来，我真的很讨厌这样的自己。

我一直觉得我上的大学比他好，工作能力比他强，也帮过他好多，为什么升职的却是他？我想不通。所以对于他的升职，我高兴不起来，感觉自己心态崩了。

一直以来，我靠着自己的头脑想方案，靠着自己的双脚拜访了一个又一个的客户，不断拓展了销路。但是善于依靠别人的吉田没有像我那般辛苦，因为领导和老员工给他介绍了不少客户，他的销售业绩一路飙升。我深信"只要努力就有回报"，一直努力至今。但在有些方面，我确实没有自信。

作为心理咨询师，我听了太多来访者的故事，那些抱

有与高桥相似的苦恼的来访者，大都与我谈及过自己儿时
（幼儿期、青春期）的原生家庭环境，特别是亲子关系的
种种。

这也说明，困扰成年人的人生课题，与其成长经历有
很大关系。

在心理学领域，有一个旨在探讨个体间（包括亲子关
系）"感情联结"（attachment）的重要理论，叫依附
理论[1]。

这里的感情联结，我们可以称之为"依恋"，它指的
是，婴儿与父母（主要抚养者）之间形成的心理层面的情
感纽带。例如当婴儿因为饥饿而哭泣时，父母会注意到婴
儿的哭声，并迅速做出回应，消除婴儿的饥饿感和不安。

当婴儿的需求不断得到满足，焦虑或不安持续得以缓
解时，他就会与父母（主要抚养者）建立起一种信赖关系
或情感依附关系。

一个人在成长过程中与父母建立起来的情感依附关系

---

1 依附理论：最早由心理学家、精神分析学家约翰·鲍比在 20 世
纪 50 年代提出，主要指个体为了得到安全感而寻求亲近另一个
人的心理倾向。——译者注

（依恋）对其在儿童时期身心的健康发展具有重要作用。

同时，这种与父母在互动中自然而然建立起的依恋，能够帮助个体更自如地应对外部世界的挑战，且有助于个体与父母之外的其他人构筑良好的人际关系。

另外，"依恋关系的构建"对于个体抗压力的培育也至关重要。

当个体陷入困境时，向父母求助就能解决问题，或者父母的温暖怀抱就能驱赶走内心的恐惧和不安的话，个体就能感受到"来自父母始终如一的爱和与父母深厚的情感联结"，并能在情感联结的滋养下，形成对这个世界的"可控制感"（＝在关键时刻，能给予你安全感），进而有助于个体"可解决感"（陷入困境，有人相助）的形成。

最终，个体的抗压力才会得到提升。

人际关系对"我能处理好"的信念感无比重要

本书前面提到的高桥，正是因为在孩童时期就遭遇父母离异，从小没有和父母建立起亲密的安全依恋关系，所以不知如何与他人构建良好的人际关系。一般来说，在缺少父母关爱或父母过度干预的原生家庭中成长起来的人，大都有和高桥一样的苦恼。

他们置身于那样的原生家庭，也就失去了与他人建立深厚情感联结的机会。

也因此，他们对与他人建立亲密关系感到恐惧和不安，进而选择回避，刻意疏远人际关系中的亲密与爱意，以求不乱于心。其结果就是，他们在做任何事情时都选择独自面对，也比其他人更容易感到孤独。但对于个体来说，**这样会让他错失生命中的贵人（人脉）和从中获取重要信息的机会，而这些恰恰都是增强个体可解决感（"能够应对"的信念感）的重要资源。**

恋爱和婚姻如此，学习和就业更是如此。与他人构建良好深刻的情感联结对于拥有优质的人生至关重要。当然，与他人良好的情感联结也与个体"能够应对"的信念感和可解决感息息相关。

高桥的经历正说明了这一点。

在学校，高桥的加倍努力得到了回报（考上了理想的高中、大学，取得了好成绩，深受父母和老师的喜爱和信任）。虽说在校期间高桥增长了"学识"，这对他的可解决感有重要影响，但是真正和他的"自信心"直接相关的应该是因考试考得好被老师表扬的那段学生生涯吧。

毕业后走入社会，成绩不再是唯一的评判标准，很多事情光靠个人力量难以实现，毕竟个人的努力是有限的。这时候仍然选择凡事都独自面对，自然会让人失去信心，渐渐地，独自从容应对、能掌控的事情也就越来越少。

相反，懂得寻求帮助，得到大家喜欢的吉田能更早获得升职加薪。这是**因为，吉田拥有"贵人相助"，而这"贵人"指的正是提升个体信念感重要因素之一的人脉（伙伴）。**

例如，当领导考虑把一个重要的项目派给谁时，第一人选一定是人缘好、朋友多的吉田。因为一个大项目的成功，往往需要各方面通力协作和密切沟通。

像吉田这样有人缘、能活用各种人脉资源的人，在事业上有贵人相助、高人指点，他的学识也会大长，经验也会越来越丰富，自然对事态的掌控力也越来越强。

可以说吉田正是基于自身的人脉和资源，拥有了强大的掌控力。

而像高桥这样对他人敬而远之的人，领导也不会重用他。

长此以往，高桥不仅错失了项目，抓不住提升自我可解决感的机遇，也失去了活出丰盈人生的可能性。

在职场找寻"能够带给自己安全感的坚强后盾"

对于高桥这类人，该如何提升可解决感呢？

可以说，和高桥一样在儿童时期没能与父母构建起安全的情感依恋关系的人，在他们的成长过程中，也没有一个能获得安全感的心灵庇护所（家庭）。

换言之，他们没有能带给自己安全感的"坚强后盾"。

如果在儿童时期父母没能为孩子提供心灵的庇护所，那么这些孩子成年后也不会知道如何建构自己的安全地带。

正如本书上文中所讲的，成年人的安全地带，不仅仅要能给予自己安全感、让自己舒展自在，还得是能进行良好沟通并能与之产生情感共鸣的一段关系。

构筑一段能称之为"坚强后盾"的深厚关系并不是一件易事。但是，我们还是有必要去找寻一两个能和自己谈得来、彼此能顺畅沟通的人。

在职场，如果高桥能拥有这样的坚强后盾，我想他的

境遇也会随之改变吧。

另外，高桥这类人容易对自己没信心，对未来没憧憬，缺乏行动力和决心。在高桥的叙述中，他一方面埋怨明明"我靠着自己的头脑想方案，靠着自己的双脚拜访了一个又一个的客户，不断拓展了销路"，但是却没获得应有的回报；另一方面却不愿学习吉田，通过领导和老员工介绍客户实现销售业绩一路飙升。

高桥的这种行为正是本书第 125 页所提及的"逃避行为"。

对于高桥来说，其实他可以学着"多和领导请教，对领导说'您也让我多学学'"，或者"多和前辈讨教，多问问'这种时候该怎么办呢？'"。

当然，行动不一定就会带来成功。但是，**只要持续付诸行动，一定能收获"请教了他人之后进展顺利""在他人的帮助下完成了"的成功经验。**

我想，在不断积累此类经验的过程中，通过活用"人脉"，个体就逐渐形成了自身的可解决感。

第四章

有意义感：
凡事都有意义

第一节

如何寻找有意义感

有意义感就是"一切都有意义"的感觉。

暴发流行疾病时，护士奋战在一线的意义

在心理学著作中，对"有意义感"的说明如下：

个体认为，应对压力事件是有意义的，生活本身更是有意义的。即个体对生活意义的一种感知。(《抗压能力 SOC》山崎喜比古、户里泰典、板野纯子编著 / 有信堂高文社 / 笔者对其定义进行了局部调整。)

简单而言，有意义感指的就是"凡事都有意义"。有意义感强的个体一般会认为，自己的人生以及发生在自己周遭的事都是有意义的。

即使身处逆境或高压力环境，依然能为周遭事物赋予意义，即认为"这份工作有意义""挫折让我成长"的人，他们的有意义感较强。

在此，本书将为读者讲述在抗击疫情一线坚守岗位的护士小 F 的故事。小 F 所在的医院因为收治患者，导致医护人员的工作异常繁忙，甚至忙到无法回家，没有片刻喘息。他们不仅害怕自己感染病毒，也担心自己将病毒传染给家人，尤其是年迈的老人。他们坚守着，有担心，有恐慌，也有牵挂。

面对源源不断被送来救治的患者，面对超负荷的工作状态和紧绷状态，作为护士的小 F 产生了巨大的精神压力。

但是，即使身处这样的环境，小 F 依旧能坚守岗位，守护患者健康。因为小 F 深感"作为护士，自己的工作是伟大而有意义的""这场疫情，让我成长了许多，也收获了许多"。

你能感受到工作的意义和价值吗？

可以说，如小 F 这般有**强烈的事业感**，认为自己的工作充满意义的人，是职场上真正厉害的人。

人们常说"提升职场价值感"，这里的"职场价值感"至关重要。

阿隆·安东诺维斯基博士曾谈及陆军的抗压力普遍强于一般民众，他曾说："陆军属于社会地位高、受民众尊敬的职业，正因为他们有作为军人守护国民的共同目标和神圣职责，由此也形成了他们较强的抗压力。"

如同知晓"我为什么而工作""我工作的意义是什么"，满怀强烈使命感的工作和受人尊敬的工作都能让个体在工作中产生较强的有意义感。

提升有意义感的重要因素

增加意义感的重要因素是什么？

达成"我很有用"的贡献感

那么，如何提升个体的"有意义感"呢？阿隆·安东诺维斯基博士曾提出，"正向优质的人生体验"可以提升个体的有意义感，即**"拥有亲身参与，并有所收获的人生体验"**。

在本书第一章曾提到，例如自己参加了一个斩获大奖的团队项目，这就属于正向优质的人生体验。

具体而言，"拥有亲身参与，并有所收获的人生体验"指的是，自己的行为对他人的决策产生影响的人生体验。

例如：

· 制订了一份优秀的企划活动方案，会议上，大家都很满意，自己提出的方案被采纳，自己也觉得"参加这次会议是非常有价值、有意义的"。

· 自己所属的棒球队获胜，虽然自己不是正选队员，但是能给队友当陪练，必要的时候还能给队员提建议、出主意，基于这些过往的经验，认为"自己为球队的胜利也做出了巨大贡献"。

· 自己销售的商品受到顾客青睐，顾客称赞"你家的商品非常好，一直都在这里买"时，由衷地觉得"能在这里工作真好""自己的产品和服务帮助到了顾客"。

…………

在提升个体有意义感方面，很重要的一点就是要积累正向优质的人生体验。通过亲自参与项目并从中获得成就和收获，例如参加了有丰硕成果的项目，并在此过程中不断获得对自我的正向认知，如"大家称赞了我的发言""同事们都觉得我的建议很不错。自己的想法也帮到了大家"等。

得到他人的认可提升意义感

另外，不断积累"被他人认可的人生体验"，也有助于获得自我价值感，让人感受到自我存在的意义。

领导认可你的工作"多亏你负责，这次的工作才能顺利完成"，称赞你"那个活儿干得漂亮，很棒！"的话，你自然会觉得"自己的工作是有意义的"。

身处这样的职场，个体的有意义感才会得到提升。

接下来本书将为读者讲解提升自我有意义感的具体方法。

提升个体有意义感的方法

· 拥有亲身参与，并有所成就和收获的人生体验

· 通过不断积累被他人认可的正向体验，从而获得
  自我价值感

例

制订了优秀的企划活动方案，在会议上被采纳，项目
也因此取得了成功的职场成功经验。

领导称赞"最近那次宣讲很不错，听说多亏了你的宣
讲才拿下了订单"，因此感受到职场成就感和自我价
值感。

自我肯定感：在提升自身价值的场所工作

选择一份能感受到自我价值感的工作，听到"你能来这儿工作，太好了"。

如何判断自己的工作价值

被他人认可的体验，能够让个体感受到自我存在的价值，也有助于提升个体的有意义感。

因此，**选择一份能感受到自我价值的工作，到一个能实现自我价值、成就"高认可度"的职场，能显著提升个体的有意义感。**

例如，你是愿意在"你这样的人，遍地都是"的环境中工作，还是想在"你能来我们这儿工作，太好了，帮了我们大忙"的环境中工作呢？

以上两个职场环境，哪个能让你感受到自我价值呢？毫无疑问，肯定是后者。这样的职场能为你提供高成就感和高价值感，也能够体现你在某个领域的不可替代性，自然有助于提升你的有意义感。

高度评价中隐藏的意义

我曾就职于一家公司，在那里为员工提供相关心理咨询服务，当时我做过一个名为"受员工欢迎 & 让员工反感的领导"的企业调查。

调查结果显示，受员工欢迎的领导有以下三种情形：

· 给下属安排任务时，即使这个任务只是项目中的一个小环节，也会站在项目整体的视角，详尽地与员工说明该任务对项目目标完成具有的重要意义，以及在推进工作时要特别留意的地方。

· 在会议上或就某事磋商时，涉及只有资深行家才懂的专业性很强的话题时，也会用通俗易懂的方式，耐心地向新入职的员工解释。

· 即使可以不寻求员工的意见，还是会出于信任和尊重，征求员工的意见和想法。

相反，那些员工反感的领导是以下三种情形：

· 在会议上或就某事磋商时，无视员工意见。

· 当员工希望领导就工作任务安排做出详细说明时，领导只会甩出一句"照我说的做就行了，问那么多干什么"。

· 员工向领导提交自己辛苦做的资料，领导每次都说"先放我那儿吧"，然后就没有下文了。

从这里我们也能看出，受到员工拥戴的领导都是能肯定和认可员工价值的人。我们也能知晓，那些受员工欢迎的领导在职场的行为有助于提升员工的"有意义感"。

身处一段能够赋予个体"有意义感"的人际关系，会让个体感受到工作的意义和价值。

请你一定要珍视这种自己的意见或想法能够被所属的

群体认可，能让你产生"我帮上了忙"的人生体验。

　　此外，那些能够看到并尊重他人存在价值的人，大部分都拥有较强的"有意义感"。

提高转化力：一切经历皆为财富

提升自己的"心理调适能力"。

当你觉得自己"一无是处"，失去信心时

有一点我们很容易理解，即如果个体的想法或意见能够被所在群体听到并采纳，且不断积累这种"我帮上了忙"的人生体验，那么个体的有意义感也会得到显著提升。

但是，做"利他"行为的机会并不受我们自己控制。很多时候，如果硬要帮助他人，反而容易帮倒忙。

当个体意识到自己起了反作用时，就会产生"我

反而给他添麻烦了"的愧疚感，自身的有意义感也会减弱。

在咨询过程中，来访者经常向我倾诉"我对自己没有信心""我是个没用的人"。

我发现，来访者的这种消极想法与"被他人恶意言语中伤的体验"和"自我评价过低"有密切的关系。其实每个人都有价值，没有一个人是真的"一无是处"。

实际上，我也曾有过一段自信心受挫的时期，那时我觉得自己一无是处。

20多岁时，刚成为心理咨询师的我总是对来访者的状况和情绪把握、理解不到位，因此总认为自己还太年轻，没有足够的阅历和经验。又因为学生时期我没有深入钻研过心理咨询领域，所以欠缺知识来弥补生活阅历和经验不足的短处。

经验的不足和知识的欠缺，让我在心理咨询服务上总是缺乏自信，不是被来访者"语言攻击"，就是被来访者投诉。

这一度让我对自己适不适合从事心理咨询师的工作产生了怀疑，但当我和前辈倾诉自己的职业苦恼时，他曾这样对我说：

"心理咨询师这一职业的优势在于，自己过往的失败经历或痛苦体验都可以直接活用到工作中。"

从那之后，即使被来访者中伤"跟你这种乳臭未干（人生阅历浅薄）的毛头小子说，屁用没有"，我也会记住自己当时的感受以及自己是如何从伤痛中走出来的，久而久之，这些情绪体验和经历都成了我的职场工具箱。

在我看来，过往的失败、失意都化作了成长的"养料"，滋养和提升了我的有意义感。

正是因为这样，想要提升个体的有意义感的关键在于，我们要塑造自己的"心理调适能力"，将压力事件或者失败体验转化为"养料和动力"。

提升心理调适能力的几个问题

那么我们又该如何塑造和提升自己的"心理调适能力"呢？你可以先尝试思考以下问题，并写下自己的答案。

1.经历失败、心情失落或遭遇困境的时候，你脑海里浮现出怎样的想法？

例（以笔者为例）：尽是失败，估计我不适合这个工作。

2.请你把第一个问题的回答换成"能产生自我价值感的话语"或者"让自己重新振作起来的话语"。

例（以笔者为例）：心理咨询师这一职业的优势在于，自己过往的失败经历或痛苦体验都可以直接活用到工作中。

3.转换成这两种表述方式后，你产生了怎样的想法，情绪又有怎样的转变？

例（以笔者为例）：我的心态发生了重大转变，变得更加积极向上。今后想要认真面对每一个来访者，认真做好每一次心理咨询服务。

提升思维和表达的转化能力

1. 经历失败、心情失落或遭遇困境的时候，你脑海里浮现出怎样的想法？

2. 请你把第一个问题的回答换成"能产生自我价值感的话语"或者"让自己重新振作起来的话语"。

3. 转换成这两种表述方式后，你产生了怎样的想法，情绪又有怎样的转变？

通过对上述三个问题的思考，当下次遭遇困境认为自己一无是处、哀怨自叹时，我们就能把"我是个没用的人""又搞砸了""为什么这么倒霉"这些消极的想法转化为"这是上天给我的一次成长的机会""正好是改变自己的最佳时机"。

这种思维的转换极为重要。

另外，如果**你把这些用纸和笔记录下来，当你日后再次直面难题时，也能够随时回顾，找到应对的方法。**

就像我从前辈那里学到的道理，你可以把自己工作最核心的，且让自己产生价值感的话语和让自己重新振作的话语写下来，放进抽屉里或者用便利贴贴在桌子上最醒目的地方。当你遭遇挫折、面对难题时，你可以时常拿出来看看。养成这样的习惯后，你的思维转换力自然也能提升。

思维转换力是抗压力，或者说有意义感的核心要素。但在当今社会，这种转换力强的人，其实并不多见。

但是，如果我们有意识地改变自己的定式思维和僵化认知，就可以提升我们的有意义感。

不必勉强增加经历

周遭的一切都有意义吗?

人生，不是每件事都要有意义

虽说积累"被珍视""自我价值被肯定"的人生体验（助力成果达成，参与其中的体验），能帮助个体提升其有意义感。

但是，我们并不是事事、时时都能获得他人的尊重，而且赢得他人尊重的机会本身也不为我们所控。所以，生而为人，我们很难时刻保持充实感，也很难从每一件事情里找到人生的价值和意义。

那么，要想通过自身努力来提升自己的有意义感，我们应该抱有怎样的认知呢？在此，我给读者讲述一下30多岁的吉冈（化名）的故事吧。

吉冈先生在读研期间，曾兼职在某教育机构教授心理学，也负责过相关教材的编撰工作。那时，作为课程整体负责人的远藤女士（化名，50岁以上的女性）曾让吉冈先生制作课堂讲义和教材。那时吉冈觉得自己的这份工作很有意义。

可在教材编撰这件事情上，两个人的意见出现了分歧。虽然吉冈不认为自己的主张就绝对正确，但是他却明确表态"要我署名的话，就这本教材的内容来看，我没办法署名"。

在吉冈看来，问题不在于远藤和自己到底谁对谁错，而是在于如果要以自己的名义出书，那就要贯彻自己的想法，在书中将自己内心所相信和确认的东西表达出来。

结果，至此之后，吉冈再也没有被邀请参加远藤组织的各种会议和活动，也获取不了与授课相关的任何信息，就这样，吉冈越来越觉得自己没有继续待下去的意义了。

吉冈认为，为了讨好远藤就否定以往自己的努力，放弃自己最珍视的原则，这样做会让自己看不到继续在这里工作的意义（吉冈知道高水平的抗压力是怎样的感受，梳理和分析了自己的烦恼和情绪），所以他告诉对方不要在教材里加上他的名字后，就从那个教育机构离职了。

在我看来，如果有来自外界的负面干扰，要提升个人的有意义感，其实不是一件易事。

虽然对个体的人生来说，如果认为"克服这个难题是有意义的"，确实属于"有意义感"。但是，人的一生，并不是所有的事都是有意义的。

虽然我们总说"凡事都有意义"，但是，有时我们也有必要区分"克服重重困难，实现跨越的意义"和"强迫自己做出改变并没有什么意义"的事。

阿隆·安东诺维斯基博士曾这样说过：

SOC（抗压力）水平高的人，能根据不同时机和场合快速调整自己，灵活应对各类情况，并采取恰当的应对策略和方法，具有很强的临场应变能力。无论面对何种压力事件，他们都有充沛的斗志，想要"硬刚"到底，看起来勇猛果敢。而 SOC 分值表得分异常高的人有别于在 SOC 方面能力很强（strong）的人，他们被称为在 SOC 方面很顽固死板（rigid）的人。这类人有一大特点，即虽然能够直面压力事件，却脆弱而不堪一击。正因如此，我们并不把那些面对压力事件 SOC 水平很高的人只简单称为 SOC 水平高的人，而是称他们是具有坚韧品格的人。（《抗压能力 SOC》山崎喜比古、户里泰典、板野纯子编著 / 有信堂高文社）

对待任何问题，只知道一味地鲁莽正面碰撞的人，不能称之为抗压力强的人。这样的人是"外强中干的人"。而真正的抗压力强的人，属于"外柔内刚的人"。

"逃跑可耻但有用"，识时务，以退为进，也可被视为提升有意义感的妙招。

梳理现状，明确是否需要直面这些问题

因此，身陷困境时，对我们来说很重要的一件事情，

就是对现状做出分析和判断，到底是选择直面难题，还是选择绕过问题，转换路径？如下所示，我们可以试着在把握现状的基础上，进一步梳理思路。下面以吉冈为例。

第一步，请写下"让你压力倍增的事情"。当然基于自身认知去阐述也是完全可以的，但我们还是要尽量以更加客观的视角对压力事件进行描述。

第二步，请写下"压力事件对自己的影响"。例如对工作或人际关系产生了哪些影响，想到的都可以写下来。

第三步，在前面内容的基础上，写下你期待的解决办法。

这一部分是从你自身出发，"想要事情这样发展"的一种愿望或者想要实现的理想状态。因为它只不过是你自己的"一厢情愿"，所以不必太过在意它是否具有可行性等，你只需要想到什么写什么。

第四步，就是认真思考第三步中提到的解决方法是否具有"现实性和可行性"。

把握现状、梳理思路

1.让你压力倍增的事情（尽可能以客观的视角进行描述）。

例 和工作中的关键人物（远藤女士）意见不合，至此再也没有被邀请参加过相关会议和活动。

2.压力事件对自己的影响（对工作或人际关系产生了哪些影响）。

例 无法获取工作相关的各类信息，工作很难开展。

3. 想要哪种理想状态？（期待的解决办法）

例 远藤可以理解自己的想法。

（空白框）

4. 现实情况又是如何？

例 这个解决办法很不现实，没有可行性也没有意义。

（空白框）

按照上述的步骤，厘清状况，整理好思路，这样做也有助于提升个体的"可解决感"。思考解决路径的过程，也是盘点自身解决问题的"策略工具箱"，自然也可以提升个体的"可控制感"。

但是，即使提升了"可解决感"和"可控制感"，个体的"有意义感"依旧不强的话，也需要个体做出恰当的判断，也许这件事情本身并不值得我们投入过多资源和心力。

第六节

绝境下做能做的事就好

即使身处绝境，依然心怀希望，做我们能做的事。

被告知母亲已是癌症晚期的加藤

接下来，我将以我遇到过的一位来访者的真实经历为例，为读者阐述"如何提升自身的有意义感"。

案例的主人公是加藤（化名，30 岁以上女性），是我已知的抗压力水平较高的一位女性。

但是，生而为人，荆棘遍布，一生中一定会遭遇重大变故，罹患疾病，失去最珍贵的东西，饱尝离别之苦……同样，加藤在生活中也遇到了很多令她痛苦和悲伤的事。

加藤的故事

某天，60多岁的母亲告诉我说自己前胸有一处总感到疼痛，总是有些不舒服。我陪母亲去了医院，结果被告知母亲得了乳腺癌。

之后，我又陪母亲做了进一步的检查，得知母亲的乳腺癌已经发展为四期，做手术也没什么用了，唯一能做的只剩下在保证体力的前提下，使用一些抗癌药物。接二连三地听到医生说可能会发生的各种意外情况，我顿时觉得未来一片黑暗。

突然被宣告癌症晚期的母亲，看起来虽然没怎么惊慌失措，但她也无比担心：癌细胞会不会转移？该选择什么治疗方法？这么大年纪了用抗癌药物，身体还吃得消吗？有没有什么副作用……我知道自己必须振作起来，要全力陪伴母亲，与母亲一起抗击病魔，但心里却忐忑不安，不知道该如何是好。各种意料之外的状况频发，我疲于应付，脑子里一片混乱，一时失了方寸。

而且，不能手术治疗，暂时找不到好的治疗方法，这样的现状让我无论如何也乐观不起来。我想要振作起来，试图回想过往自己应对困境的经验，但依旧束手无策。

我和母亲虽然不住在一起，但是我们之间的互动很频繁，即使没什么特别重要的事儿，也会每天打个电话或发个微信。所以，我总是在后悔、自责，为什么会这样，当初要是能早点发觉的话……

我一直想不通为什么会这样，我母亲的病又能有什么意义？我今后该怎么面对？

从加藤向我倾诉的内容可以得知，平常抗压力较强的她在面对母亲罹患乳腺癌，并已是癌症晚期这一突然的变故后，其抗压力水平直线下降。可解决感、可控制感自不必说，连战胜困难的信念感也崩塌了。

处于这种高压力状态下，加藤该如何应对呢？

事实上，加藤的故事还有后续。

加藤说某天晚上她看到母亲把自己喜爱的商店和饭店的积分卡全都撕了，扔进了垃圾桶。

望着母亲的背影，加藤终究还是没能上前打破氛围，就静静地看着母亲。也许加藤的母亲觉得自己今后也不可能再攒什么积分了，不想触景生情，所以不愿意再留那些有期限的东西在身边。

加藤一边呆呆地望着窗外，一边想着"我永远忘不了母亲的那个背影"，之后突然一下回过神来。

当时的她想：这次轮到我向母亲报恩了。

报恩，在加藤看来，就是竭尽全力给母亲治病（**有意义感**）。

从那时起，加藤就在思考"即使微不足道，自己也得为母亲做些什么"，接着她开始读书学习（**可控制感**），在饮食上下功夫为母亲做些有助于缓解抗癌药副作用的食物，慢慢地，加藤对生活又萌生了乐观的心态，逐渐有了"我能够应对"的掌控感（**可解决感**）。

可以说拥有"有意义感"，也有助于其他两种感觉的恢复与提升。加藤的故事就是一个很好的例子。

身处任何境地，生活都是有意义的

即使身陷从未经历过的巨大困境，丧失了可控制感，或因为某事而一筹莫展、束手无策，甚至于丧失了可解决感，个体仍然能够拥有有意义感。

意识到困境也有意义，并积极思考如何让一件事变得有意义，会让个体产生有意义感。

例如，在本书前言中曾提到，正是对"二战"时期身处纳粹集中营，却依旧活下来，保持身心健康的女性幸存者进行的调研，才让心理学家提出了"抗压力"这一概念。

试想，如果你身陷强制收容所那样的恶劣生存环境，一定内心惶惶，"在这里看不到未来，看不到希望""也不知道死亡的毒鞭，会在什么时候落在自己身上"。处于这样让人绝望、崩溃的境地，个体的可控制感自然也会减弱。

几乎没有人身处这种极端事态依然能抱有乐观态度，认为自己"总会有办法的""一定能活着出去"。

但是，仍然有一部分人认为"这些痛苦的经历是有意义的"，尽自己最大所能从绝望中寻找生命的意义。

这些人拥有较强的感知能力，能意识到自己经历的每一件事所具有的意义。

正因为有意义感强的个体能发掘出每一段经历背后的意义，所以他们可以保持较高水平的可控制感，能够发挥自身主体性，预测今后事态的走向，积极思考哪些是自己可以掌控的，进而增强了信念感，相信自己一定能够应对，他们的可解决感也得到了大幅提升。

有意义感强的个体，有很强的上进心和"成长欲望"，他们是勇于直面和善于解决问题的人。提升有意义感，也有益于增强自身的可控制感和可解决感。

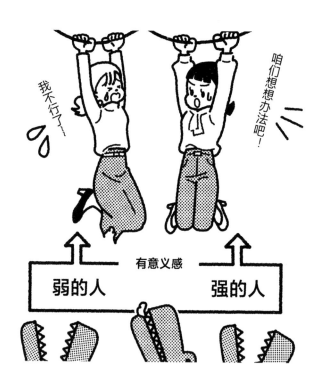

积极地看待每件事

从积极的角度看问题：万事都有意义。

从仅占三成的"心理健康"的人身上看到的优秀品质

在本书前言部分曾提及，抗压力是由社会医药学家阿隆·安东诺维斯基博士在一项基于健康心理学的调研中发现并提出的概念，也被称为"保持身心健康的能力"。

抗压力与"健康本源学[1]"有关，在此，本书将就"健康本源学"进行简单说明。

相关学术著作对健康本源学，做出了如下解释：

健康本源学，区别于以往研究发病机制的发病学视角，是从全新的非致病因素的视角探究健康是如何形成、恢复、维持以及增强的，并基于此视角下的相关研究成果构建的一套假设性理论框架。(《抗压能力SOC》山崎喜比古、户里泰典、板野纯子编著 / 有信堂高文社)

而发病学[2]的出发点是"查明发病机制，并控制或消除疾病"。因此，以往的医学（预防医学或公共卫生等）

---

1 健康本源学（Salutogenesis）：Saluto 代表健康，genesis 代表起源，也就是健康的起源。这一概念由社会医药学家阿隆·安东诺维斯基首次提出，是一种关注人类健康、福祉而非致病因素的研究、治疗方法和研究原则。也就是说除了研究病理学，还需要研究生理和心理健康的起源。——译者注

2 发病学（pathogenesis）：研究疾病发生、发展及转归的普遍规律和机制的科学。——译者注

领域，更多是从发病学的视角积累和形成了大量的相关储备以及实践经验。

但是，健康本源学和发病学的侧重点截然相反。

接下来，本书根据阿隆·安东诺维斯基博士的相关研究经历，就健康本源学与抗压力的相关关系进行深入阐述。

在此，我将继续引用相关学术著作，具体内容如下：

> 阿隆·安东诺维斯基博士在20世纪70年代初，曾参加过一个以以色列的女性为对象的调研项目，这个调研项目研究的是经历过犹太人被种族灭绝的残酷体验，并由此产生的心理阴影对更年期身心健康具有怎样的负面影响。基于相关调查研究发现，（如下图所示）更年期依旧保持身心健康的纳粹集中营女性幸存者的占比大约为30%。

经历集中营生活的女性群体与未经历集中营生活的女性群体在更年期的身心健康比较

——残酷经历对身心健康产生的影响（模式图）

	更年期身心健康		
	良好	不良	总计
集中营的女性幸存者	30%	70%	100%
未经历过集中营生活的女性	50%	50%	100%

注：为了便于读者理解，作者基于阿隆·安东诺维斯基博士的相关研究内容，对上表相关表达与数值进行了调整。

（出处：《抗压能力SOC》山崎喜比古、户里泰典、板野纯子编著，有信堂高文社）

而没有经历纳粹集中营的残酷体验，在更年期依旧保持身心健康的女性占比为50%，与预想结果一致，后者明显高于前者。但是**阿隆·安东诺维斯基博士却注意到虽然集中营的经历带来的心理阴影一直伴随着她们到了更年期，但是经历了残酷体验的这些集中营女性幸存者中竟然有三成保持了身心健康。**

处于极度残酷的环境，承受着巨大压力，不但保持了身心健康，竟然还能把这些苦难化作人生的养料勇敢生活的人，她们的共性到底是什么呢？

阿隆·安东诺维斯基博士带着这个思考，对那些经历了苦难的人进行了访谈调研，并对先行研究和古今中外的学者著作进行了大量研读（再思考），之后他提出，这些人所具有的共性就是SOC。阿隆·安东诺维斯基博士在进行访谈时基于健康本源说的相关理论，设置了很多独特的问题，这帮助他发现并提出了抗压力这一重要概念。（《抗压能力SOC》山崎喜比古、户里泰典、板野纯子编著／有信堂高文社）

正是因为将研究聚焦集中营的女性幸存者在更年期后仍保持身心健康这一特别现象，阿隆·安东诺维斯基博士才提出了心理一致感（即抗压力）这一概念。

如果阿隆·安东诺维斯基博士是发病学的研究者，也许他关注到的就不是那"占比达三成的身心健康的女性"，而是"占比达七成的存在心理问题的女性群体"了吧。

阿隆·安东诺维斯基博士与以往的研究者最大的不同在于，他关注了"占比仅为三成的身心健康的女性群体"。

我在《心理一致感，帮你武装内心》（小学馆）一书中，曾将阿隆·安东诺维斯基博士不寻常的关注比喻为"半杯水理论"。

即对于"半杯水"这一同样的事实，不同的人有不同的看法，比如有的人是善于正面解读"杯子是半满的"，而有的人则倾向于负面解读"杯子是半空的"。

我曾对"半杯水理论"和阿隆·安东诺维斯基博士的研究倾向也做过深入解读，感兴趣的读者可以读一读刚才说到的那本书。

可以说，正因为抱有好奇心，阿隆·安东诺维斯基博士才关注到了那仅占三成，曾亲历过集中营却依旧能保持心理健康的犹太人。

好奇心的重要性

阿隆·安东诺维斯基博士关注到了占比仅有三成的女性群体，并从这个群体中找到了她们在保持身心健康方面的共性，这一定让他感觉到了自己工作和研究的意义与价值。在阿隆·安东诺维斯基博士看来，他的有意义感在于"揭开了保持心理健康的秘密"。而这份有意义感又提升了他完成研究任务，取得研究成果的"可解决感"。

最终，基于自身研究，他将这个能保持身心健康的群体所具有的共性进一步抽象，提出名为"心理一致感（抗压力）"的心理学概念。

心理一致感（抗压力）这一概念的诞生、健康本源说的体系化，都源于阿隆·安东诺维斯基博士较强的可解决感和有意义感。

抗压力分值表（抗压力的调查问卷）可以帮助我们检测自身抗压力水平。调查问卷里的很多问题都能让我们对日常生活中自己抱有的价值观、想法或感受有更加直观的认识。

这些问题如下所示：

关于可控制感的问题

你在面对陌生的状况时，会感觉到无所适从，不知如何是好吗？

关于可解决感的问题

你有没有辜负过他人对自己的期待，让人失望过？

关于有意义感的问题

你对周遭发生的事都抱有无所谓的态度吗？

这些问题其实就是在问你，即使身处不熟悉的环境，即使辜负了他人期待，让人失望，你是否也能将这些困难化作前行的动力？是否能认真对待周遭的事，从这些点滴中找到人生的意义？

无论身处何种境地，都能身心合一，能够以正面积极的态度看待人与事，这就是抗压力的具体感受。

"以正向思维看待事物"于阿隆·安东诺维斯基博士而言，关键就是好奇心和转换力。

拥有高水平的抗压力，以积极心态看待人生的阿隆·安东诺维斯基博士，拥有极强的转换力，他能驱使自己的好奇心从看似负面的情况里挖掘出积极的意义。

这份好奇心对于提升有意义感，或者说个体的抗压力来说，至关重要。

后　记

　　错综复杂的职场人际关系，来自领导的职权骚扰，妈妈朋友的相互显摆炫耀，家庭关系不和睦……我听过太多人的苦闷与纠结。生而为人，我们的烦恼，90%以上都源自"人际关系"。

　　人际关系，一般来说指的是个体自身与他人的关系。但是当我们身陷烦恼的旋涡时，我们真正要面对的却是"自己"。因为抱有不安、生气、悲伤、烦恼的是我们自身。

　　大多数人都会竭尽全力压抑和控制自己的情绪，忽视自身感受，一味地忍耐和自我欺骗，在烦扰的生活中，努力让自己自洽。

　　但是，正如"忍耐也是有限度的"一样，我们内心的压力也会杯满则溢。

　　虽然存在个体差异，但是装满内心的"忍耐"，最终会使自己身心俱伤。

　　本书的目的在于让你在情绪溃堤之前，重拾对生活的掌控感与信念感。

方才我说过人的烦恼的原因，90%都来源于人际关系。但是，同样地，你也要知道，几乎所有的烦恼都可以通过人际关系来消除。在碰壁时，人们总想凭一己之力扭转局势，却总是无法打开思路和格局。

遇到这种情况时，请你抬头环顾周遭，也许眼前就能浮现出能倾听你心声的人、能给你启发的人。

对于向来习惯孤军奋战的人来说，这样做也许需要些勇气，但有时候真的要学会放下自尊。

当你鼓足勇气去倾诉，去寻求帮助，慢慢地，你会发现自己越来越有信念感和掌控力，仿佛打开了一个全新的世界。

退一万步，就算被他人拒绝、冷眼相待，也只是识别出了一个自己无法依靠的人而已。这样，当你遇到苦难时，就知道该向谁寻求帮助，这也能帮助我们建立起自己的"朋友圈"。

于是，我们不仅有了掌控力，也提升了对事态的认知。

抗压力，也可以理解为"一种深入心底的信念感和确信力"。通过阅读本书，如果你感觉自己有了些许自信和勇气应对身边的各种课题，对某部分内容有所悟、有所思，那么从你最感同身受的地方提升自己就好。

就是在这样不断体悟和思考的过程中，自身的抗压力自然而然地获得了提升。

非常感谢你，能认真读到这里。

也许你会觉得本书的题目有些晦涩难懂，但我相信了解了"抗压力"这一重要的心理学概念，一定能对你今后的人生有很大的帮助。

如果通过本书让你对抗压力产生了更大的兴趣，想要进一步了解和学习，那么你可以查阅本书的参考文献。通过阅读这些书，你一定会有新的发现。

在本书写作过程中，我得到了很多人的倾力支持与帮助。

比如带我走入"抗压力"的世界、指导我完成博士论文，并让我对这一心理学概念有了深刻认知的领路人，也就是我的指导老师——筑波大学研究生院的水上胜教授。

我怀着感恩的心情，抱着想要将这份学识回馈社会的想法，写下了这本书。

同时我还要感谢心理智库有限公司的董事长、国会议员政策秘书资格持有人滨崎笃人，在我做议员秘书情绪和压力状态的研究时曾给予的提点和帮助。

也要感谢家人和朋友一路以来的支持和鼓励，是你们给了我力量。

另外，还要由衷感谢本书的责任编辑、Discover21出版社的大田原惠美女士。

最后，我更要感谢在茫茫书海中选择了本书、阅读了本书的读者朋友们，谢谢你们。

2023 年 9 月

舟木彩乃

杂志 & 网站

《基于劳动安全卫生法的精神压力检测制度的实施手册》，日本厚生劳动省，2016 年

小盐佳奈·水上胜义《患癌就业者的压力与就业意向的相关研究》，《产业压力研究》25 卷 2 号，2018 年

岛田江利香·辻大士·水上胜义《按摩手法的力学刺激对身体欠爽、心情、自律神经功能的影响》，《文理协同》26 卷 2 号，2022 年

户里泰典·山崎喜比古·中山和弘·横山由香里·米仓佑贵·竹内朋子《心理一致感分值表 SOC-13（13 条目 7 级评分）日语版基准值的计算》，《日本公共卫生杂志》62 卷 5 号，2015 年

舟木彩乃·水上胜义《精神科医生应起的作用与心理健康》，《新药与临床》第 65 卷 6 号，2016 年

舟木彩乃·水上胜义《关于国会议员秘书精神压力的研究》，《行业压力研究》25 卷 3 号，2018 年

舟木彩乃·水上胜义《关于国会议员秘书的精神压力

的研究 - 基于 4 位人士的生活故事访谈》,《文理协同》21 卷 1 号,2017 年

舟木彩乃·水上胜义《关于在当地事务所工作的国会议员秘书的精神压力的研究 - 与在议员会馆工作的国会议员秘书的精神压力相比较》,《文理协同》24 卷 1 号,2020 年

舟木彩乃《职场压力管理术》,《每日新闻经济高级会员版(Web)》,2019 年

舟木彩乃《叹息"部门调动失败"的人在无意识中掉入的陷阱,摆脱"霉运"的方法》,《钻石在线(Web)》,2023 年

森本万记子·辻大士·水上胜义《神经肌肉疾病患者母亲的心理幸福感及其相关因素的探讨 - 心理一致感、灵性、应对》,《文理协同》25 卷 2 号,2021 年

参考文献

书籍（作者以五十音[1]排序）

《健康の謎を解く－ストレス対処と健康保持のメカニズム》，アーロン・アントノフスキー著，山崎喜比古・吉井清子監訳，有信堂高文社，2001 年

《夜と霧　新版》，ヴィクトール・E・フランクル著，池田香代子訳，みすず書房，2002 年

《自己肯定感が低い自分と上手につきあう処方箋》，大嶋信頼著，ナツメ社，2019 年

《ストレス心理学－個人差のプロセスとコーピング》，小杉正太郎編著，川島書店，2002 年

《一番大切なのに誰も教えてくれないメンタルマネジメント大全》，ジュリー・スミス著，野中香方子訳，河出書房新社，2023 年

---

1 五十音：又称日语五十音图，由 50 个音节组成，是日语的基础发音系统。——编者注

《アサーション・トレーニング　－さわやかな〈自己表現〉のために－》，平木典子著，日本・精神技術研究所，2009 年

《図解やさしくわかる認知行動療法》，福井至、貝谷久宣監修，ナツメ社，2012 年

《「首尾一貫感覚」で心を強くする》舟木彩乃著，小学館新書，2018 年

《過酷な環境でもなお「強い心」を保てた人たちに学ぶ「首尾一貫感覚」で逆境に強い自分をつくる方法》，舟木彩乃著，河出書房新社，2023 年

《ストレスマネジメントの理論と実践》，水上勝義、辻大士著，医学と看護社，2023 年

《ストレス対処能力 SOC》，山崎喜比古、戸ケ里泰典、坂野純子編，有信堂高文社，　2008 年

《健康生成力 SOC と人生・社会 － 全国代表サンプル調査と分析》，山崎喜比古監修，戸ケ里泰典 編，有信堂高文社，2017 年

《ストレス対処力 SOC － 健康を生成し健康に 生きる力とその応用》，山崎喜比古、戸ケ里泰典、坂野純子編，有信堂高文社，2019 年